刘亿君◎著

你比别人差的不是才华，而是

好好做事

广东旅游出版社
GUANGDONG TRAVEL & TOURISM PRESS
悦读书·悦旅行·悦享人生
中国·广州

图书在版编目（CIP）数据

你比别人差的不是才华，而是好好做事 / 刘亿君著. — 广州：
广东旅游出版社，2019.6（2025.1重印）
ISBN 978-7-5570-1809-2

Ⅰ.①你… Ⅱ.①刘… Ⅲ.①成功心理 - 通俗读物 Ⅳ.①B848.4-49

中国版本图书馆CIP数据核字（2019）第072035号

··

你比别人差的不是才华，而是好好做事
NI BI BIE REN CHA DE BU SHI CAI HUA，ER SHI HAO HAO ZUO SHI

出 版 人 刘志松
责任编辑 官 顺 何 方
责任技编 冼志良
责任校对 李瑞苑

广东旅游出版社出版发行

地　　址	广东省广州市荔湾区沙面北街71号首、二层
邮　　编	510130
电　　话	020-87347732（总编室） 020-87348887（销售热线）
投稿邮箱	2026542779@qq.com
印　　刷	三河市腾飞印务有限公司
	（地址：三河市黄土庄镇小石庄村）
开　　本	710毫米×1000毫米 1/16
印　　张	14
字　　数	168千
版　　次	2019年6月第1版
印　　次	2025年1月第2次印刷
定　　价	58.00元

··

本书若有倒装、缺页影响阅读，请与承印厂联系调换，联系电话 0316-3153358

序　言

　　每一个生活在现实社会中的人，都渴望着成功。很多有志之士为了心中的梦想，付出了很多，得到的却很少，这种现象不能不引起人们的深思：你不能说他们做事不够努力，可为什么偏偏落得个一事无成的结局呢？这值得我们每一个人去认真思考。

　　好好做事是一门艺术，更是一门学问。很多人之所以一辈子都碌碌无为，那是因为他活了一辈子都没有弄明白该怎样去好好做事。一个人做事的态度和方法，决定了一个人做事的优劣和成败。要想在人生这个大舞台上安身立命，有所成就，就需要在做事上有独到的技巧和方法。

　　在各种错综复杂的社会关系中，我们要想获得更好的生存和发展，最关键的是要学会做人做事之道。

　　因此，既然好好做事对于我们的人生如此重要，那么，我们在做事的时候，则要善于运用好各种有效的方式方法，避免稀里糊涂，身陷绝境。把事情给做砸了，不仅达不到应有的效果，还会影响你与他人关系的和谐程度，甚至自身事业的发展。

　　所以，学会如何好好做事，对每个人来说，都是生活的必修课。从普通平凡提升到超凡脱俗，再从超凡脱俗提升到鹤立鸡群。这就达到了"好好做事"的最高标准，是最高的境界。

当然，做事也不能太死板、太刚硬，路不能走得太绝。可方可圆，能屈能伸，当忍则忍，随机应变，是许多成功人士做事的重要准则。学会好好做事，能够权衡利害关系，把握轻重，外表大度圆融，内心见棱见角，如此才有回旋之地。这些道理，值得我们铭记和研究，并且身体力行。一个聪明的人不求立即把事情做成，而是像老鹰一样先四处打量清楚自己的目标，然后再调动自己行动的方案。这样长久下去，才能在成功的树上结出最甜美的果实。成大事者具有自知之明，并能扬长避短，办事成果能够达到较高的境界。从这个角度来说，不断做事的过程其实就是一个不断战胜自己，走向成功的过程。

本书通过大量贴近生活的事例和精炼的要点，表达了好好做事的重要性。从与我们生活和事业息息相关的各个方面，生动而具体地讲述了我们要如何做才能够赢得社会认可，运用好好做事、做人的方法和各种技巧，帮助他人克服困难，追求人生的不断突破！

目 录

[第1章] 立身法则 好好做事很重要

　　每个人都要在自己的一生中，通过不断做事来提高自己，反省自己，充实自己；不论在生活中还是工作学习中，都逃避不了做事。不管是自己做事还是跟别人共事，好好做事对我们都非常重要。养成好好做事的习惯，对人对己都十分有益。可以说，好好做事是我们在社会中的立身之本。

无论怎么变，好好做事是根本 /3

好好做事，在工作中寻找快乐 /5

责无旁贷，有责任心才能做好事 /9

眼光长远，做事要有远见 /12

跟上节奏，轻重缓急分先后 /15

[第2章] 拒绝拖延　好好做事就该雷厉风行

　　现在大家经常讲的一个词就是"拖延症"。其实就是一种办事拖拉，不到最后截止时间就不抓紧做事的坏毛病。无论在生活中，还是在工作中做事，我们都得有一个基本的观念，那就是只要自己认定的事情，就必须有雷厉风行的手段，迅速地行动起来。与之相反，长时间的空想而没有实际的行动伤害的终归是我们自己和我们的事业。

天马行空易，脚踏实地难 /25

奇迹只差行动 /27

别拖着，快去好好做事 /30

更快，更好，更强 /32

方法总比困难多 /34

[第3章] 思路开阔　好好做事需要多元化

　　做事时思路很重要，一个好的思路能够节省很多时间和精力。同样的事情，不同的人做，其成果和效率是截然不同的。

做事别做老古板 /45

客观事实摆在那里，你该怎么办 /49

因小失大，这个教训要记住 /54

盘活做事的死脑筋 /56

唯一不变的就是"变" /57

[第4章] 制胜之法 做事要懂得巧用方法

做事离不开方法，这里的方法指的是攻克难关的一种制胜之法。也就是说，没有方式方法地做事，一定是做到哪儿算哪儿，做到怎样算怎样，全凭自己的运气，失败率自然不低。因此，做事情一定要有一个运筹、谋划和权变的过程，这个过程也就是选择和施加技巧的过程。

就让问题到此为止 /65

失败事小，方法是大 /68

升级打怪，难度决定高度 /73

快去想你的目标 /77

笨鸟先飞早入林 /82

[第5章] 有头有尾 用结果检验做事的质量

很多人在做事出问题后，第一个拿出来的理由通常是：因为不清楚，所以才没有做好。听起来顺理成章，但其实在这个理由的背后隐藏着一个非常简单的问题：你想要有个什么样的结果？做事要有结果，不管是阶段性的还是最终结果，否则你就将碌碌无为。

你为什么会失职 /87

自己做的事，自己来负责 /93

舍不得，不一定有好结果 /95

必须达成最初的目标 /98

好好做事，让结果超出想象 /101

[第6章] 运筹帷幄　做事要有大局观

有大局观的人做事总是游刃有余，你要知道，他们的好心态是来自于懂得运筹帷幄的智慧。制定全局战略是做事成功的法宝，在做事之前先做计划，制定方案；否则就会像盲人摸象，不仅掌握不了事实的真实情况，而且对想要解决的问题也是无计可施，注定导致失败的结局。

站得高，才能看得远 /107

一个好汉三个帮 /111

防微杜渐，做事也要明察秋毫 /117

好好做事，就要多思考 /120

简单有效的大智慧 /124

[第7章] 兢兢业业　好好做事，才能成事

每天都做事的人不一定会成功，但是每天都好好做事的人一定正在走向成功。在生活和工作中，做事能从始至终认真努力又坚定不移的人很少，如果你是，请一定保持；如果你现在不是，希望你从今天开始就成为具有这种品质的人。

做好你该做的事情 /129

正确做事，做正确的事 /131

主动工作，使我快乐 /135

交代之外的那些事 /138

"出事了"，你行你就上 /141

[第8章] 循序渐进　好好做事，不要急于求成

做事急急忙忙会忽略细节，慌张的情绪还会影响对关键问题的判断。都说心急吃不了热豆腐，其实做事也是一样的道理，要积少成多，循序渐进。正如华罗庚所说的："面对悬崖峭壁，一百年也看不出一条缝来。但用斧凿，能进一寸进一寸，得进一尺进一尺，不断积累，飞跃必来，突破随之。"

做事莫急，慢慢来 /151

做事要经得起考验 /153

没有一蹴而就的事 /155

稳住，我们就能赢 /160

积少成多的做事规律 /163

[第9章] 抱诚守真　真诚做事很重要

诚实、正直和善良，虽然不是命运攸关的东西，但却是一个人品格的本质所在。具有这种品质的人，一旦和坚定的目标结合起来，他就有了无比强大的力量。他就有力量做好事，有力量战胜各种困难和不幸。

表达十二万分的诚意 /169

信任危机止于谁 /171

凭什么得到善意的回报 /176

不忠诚，少提什么赴汤蹈火 /178

办理人际交往的"信用卡" /181

[第10章] 态度端正　做事的态度很重要

一个人对待生活、工作的态度是决定他能否做好事情的关键，首先改变一下自己的心态，这是最重要的！很多人在工作中寻找各种各样的借口来为遇到的问题开脱，并且养成了习惯，这是很危险的。美国成功学家说过这样一段话：如果你有自己系鞋带的能力，你就有上天摘星的机会！

不必事尽完美，但要追求完美 /187

把热情注入工作 /193

学做积极的社会人 /197

奔跑起来，别停下 /204

在好好做事中，变成领头羊 /207

第1章

立身法则 好好做事很重要

　　每个人都要在自己的一生中，通过不断做事来提高自己，反省自己，充实自己；不论在生活中还是工作学习中，都逃避不了做事。不管是自己做事还是跟别人共事，好好做事对我们都非常重要。养成好好做事的习惯，对人对己都十分有益。可以说，好好做事是我们在社会中的立身之本。

无论怎么变，好好做事是根本

不论你承不承认，做事确实创造了人本身。

于是，人要想生存，就注定了必须要以好好做事为根本。多劳多得，少劳少得，不劳不得，不管是人还是动物，不做事，你就无法生活。

想成大事的人，必须明白一个道理：任何瞬间的灵感，都不能代替长期的功夫。只有脚步不停，才能不断向前。只有勤奋才能征服一切，你不能奢望是伟大的同时而又是舒适的，懒惰会将一个人活埋。

卡莉·菲奥里纳曾是惠普公司前总裁兼首席执行官，作为世界上最成功的女企业家之一，她不仅是一位集美貌和智慧于一身的女性，更是一位敢于挑战困难，善于把握机会的决策者。但卡莉的同事对她最为深刻的印象却是她工作的勤奋。

据说卡莉每天早晨 4 点钟就起床，浇浇花，喂喂鸟。但她的脑子并没有闲着，她认为早上是一天中思维最活跃的时刻，最适于思考问题。她一边喂鸟一边思考好当天必须完成的工作。然后，她头脑清醒、目标明确地到公司去开始一天的工作。

她总是第一个来到办公室，忙起来常常顾不上吃午饭，饿了，就找些饼干、面包随便吃一点，通常一干就是到深夜，甚至到第二天凌晨。多少个夜晚，卡莉都是在自己的办公桌前度过的，有时实在太累就趴在桌子上小憩一会，然后打起精神继续工作。卡莉认为，只有在全身心投入到工作中时，她才觉得自己是最充实的。

1996年上半年，她一直坚持和手下的审计员及财务人员一起通宵达旦地工作，以确保第二天为股市提供的财务报表万无一失。十几个小时的长时间工作对她来说不是偶尔一次两次，而是已经形成了她工作的一种习惯，是她的一种标志。全公司上下都知道勤勤恳恳、身先士卒是卡莉·菲奥里纳一贯的工作作风。

我们不是皇族地主，也很少有人能够因彩票中注而一夜之间暴富，大多数的我们都极其平凡，没有殷实的家底，没有强大的靠山，我们所有的东西都是通过努力而得到的。因而，我们生存的过程从本质上说，是个"打江山"而不是"坐江山"的过程。那么，既然是在"打江山"，"做事"就非常重要，就是根本。

作为一个明智的人，我们应该具有如下理念：

其一，天下没有免费的午餐。活下去并且活得好需要很多东西，获得它们最根本的途径是做事，是拼搏。

其二，拥有一颗平常心至关重要。做事是辛苦的，所以你除了要具备足够的勇气、毅力外，拥有一颗平常心至关重要。

其三，抓紧一切时间和机会提高做事的能力。很多事情都是难者不会、会者不难。世界就像严格按点运行的列车，从来都是你追它，它永远都不可能等你。

好好做事，在工作中寻找快乐

做事是人生不可或缺的一部分，一个人抱着什么样的态度去做事，也就是抱着什么样的态度去生活。曾有人说："人生真正的快乐不是无忧无虑，不是去享受，这样的快乐是短暂的。缺少一份充满魅力的工作，你就无法领略到真正的快乐。"

那么，什么样的工作才算是有魅力的工作呢？我们每个人心里或许都有自己的答案，但同时我们也应该明白，这并不是最重要的。因为我们心里明白，一份工作是不是充满魅力，并不完全取决于工作本身，还取决于从事该工作的人对这份工作所持有的态度。

曾有人说："一切皆由心生，天堂和地狱只不过一念之间。"你认为自己在工作中做事很快乐，你就工作得很快乐；你认为上班做事简直是一件苦差事，你从每周一到周五就都感到很痛苦。正如某位哲人所说，你选择了如此，你便如此。其实，在我们的人生旅程中，很多时候我们根本无从选择，比如父母、性别、出生环境；比如可以选择学校却无法选择老师，可以选择工作却无法选择与你共事的上司和同事。但很多时候又充满了选择，比如面对困难是坚持还是放弃，面对逆境是哭还是笑，面对挑战是快乐还是忧伤，面对生活是乐观还是悲观。因为无从选择，我们在学会了接受的同时也经历了磨炼；因为可以选择，我们与命运相搏，追寻自身的价值，实现人生的理想。

这就是生活。如果你不能牢牢把握住自己的选择，你就失去了主宰自己命运的机会。

同样，如果你不能在自己所从事的领域中创造出魅力，寻找到让自己快乐的东西，你也就失去了从事这份工作的意义。

有学者一日在外散步，他看见一名警察愁眉苦脸的，就问："怎么了？有什么事情让你烦恼吗？"

警察回答说："我一天到晚地巡逻只有 10 美元，这样的工作简直是在浪费时间。"

后来一个灰头土脸地扫烟囱的人走过来，学者觉得他很快乐，就问他："你一天能有多少收入？"

扫烟囱的人回答："3 美元。"学者又继续问："一天才拿 3 美元，你为什么这么快乐？"扫烟囱的人惊讶地说："为什么不呢？"警察鄙视地说："只有垃圾才爱干垃圾的工作。"学者严肃地说："警察先生你错了，他在干着使自己愉悦的工作，但是你却每天被工作奴役着，他的人生一定比你更精彩！"

人生最大的价值，就是让自己活得精彩。苏格拉底说："在每个人身上都有太阳，只是要让它发出光来。"我们大都是平凡的人，都做着平凡的工作、平凡的事，都处在平凡的工作岗位上，但平凡并不意味着平庸，只要我们让自己所工作的每一天都充实而有意义，我们所做过的事就自然对我们显示出魅力，让我们为之快乐。有人曾说："在我的一生中，我从未感觉是在工作，一切都是对我的安慰……"好好工作是一个人价值的体现，如果总将它当成苦役，那么生活的乐趣从何而来？每天很早就起床，急急忙忙赶往公司，坐一天，或者跑一天，好不容易熬到下班再拖着疲惫的身体回家……这样生活有什么快乐？过这样的生活有什么意义？你又能从这样的生活中学到什么？不要抱怨工作，如果觉得在现在的工作岗位上做事太枯燥乏味，就多投入一些热情，这才是最明智的选择。

有位英国记者到南美洲的一部落采访。

这天是个集市日，当地土著都拿着自己的特产到集市上去交易。这位英国记者看见一位老太太在叫卖柠檬，虽然并无多少人光顾，但她总是一脸笑容打量着从她摊前走过的每一个人。记者见老太太一上午也没卖出几个柠檬，动了恻隐之心，打算把老太太的柠檬全买下来，好让她能高高兴兴地回家。

当这位记者把自己的想法告诉老太太的时候，老太太的话却使记者大吃一惊："都卖给你？那我下午卖什么？"

是啊！我们每个人每天去工作，去做事，为的自然是能够赚足够多的钱来贴补自己的生活所需，但如果因此而纯粹为钱去做事，它自然也就变成生活的一种负担，我们怎能不为之感到厌烦、痛苦。

曾经在美国费城的大楼上立起第一根避雷针，有着"第二个普罗米修斯"之称的富兰克林，说过这样的话："我读书多，骑马少；做别人的事多，做自己的事少。最终的时刻终将来临，到那时我但愿听到这样的话'他活着对大家有益'，而不是'他死时很富有'。"

活着对大家有益，这就是工作赋予我们的意义——如果你能够积极地对待工作中的事，并努力从做事中发掘出自身的价值，认真体悟每一件事给你带来的哲理和意义，你就会像爱迪生、富兰克林、那位土著老太太一样，发现做事是生命的一种必需，是快乐最大的源泉，而不是一种惹人生厌的苦役。

有一则关于巴顿将军的小故事生动地说明了什么是人生最大的快乐。巴顿将军驾车去前线鼓舞士气，向众将士问道："什么是人生最大的快乐？"一位士兵回答："被尊重。""那太依赖了。"巴顿将军说。又有一个人说："爱。"巴顿将军笑道："太天真。"接下来许多人都提出了自己的观点，巴顿将军都一一否定了，最后他提出了自己的答案："被需要。"

快乐的人生就是"被需要"，快乐地做事就是"被需要"，如果我们能以"被需要"为人生最大快乐的心境去工作，那么好好做事就会变成我们为自己营造的快乐天堂。

有一个叫迈克的青年，在一家汉堡店工作。他每天都工作得很快乐，特别是在煎汉堡的时候，非常用心。许多人对他如此的开心感到不可思议，纷纷问他："煎汉堡的工作环境不好，又是件单调乏味的事，到底是什么让你如此用心对待这份工作？"

迈克高兴地说："我每次在煎汉堡时，便会想到，如果点这个汉堡的人可以吃到一个精心制作的汉堡，他就会高兴。所以我要好好煎每一个汉堡，使吃汉堡的人能感受到我带给他们的快乐。因此煎汉堡是我将自己的快乐传染给别人的一种使命，我必须愉快地、认真地做好它。"

迈克的回答让许多不解的人十分感动，他们将这件事告诉了周围的同事、朋友和亲人，一传十，十传百，越来越多的人来这家店吃汉堡，同时也很想看看"快乐煎汉堡的人"。

总公司很快知道了这件事，派专人到这家店考察，结果有感于迈克这种热情积极的工作态度，对他进行了重点培养，并很快升他做了分区经理。

迈克把做好每一个汉堡，让顾客吃得开心，当作自己工作的使命。那么对他而言，这自然是一件很有意义的工作，他工作着也就是快乐着，他工作的快乐也是他人生的快乐。

责无旁贷，有责任心才能做好事

我们每个人在社会上和家庭里都有着不同的责任和义务，我们的身份地位决定了我们的责任大小，但始终不变的就是：不论何时，面对何事，我们都要具备一份责任心，有了责任心才能做好事。

你一定曾经听过那个老木匠盖房子的故事：

有位手艺出众的老木匠准备退休，他告诉老板说要离开建筑行业，回家与妻子儿女享受天伦之乐。老板舍不得他走，问他是否能帮忙再建一座房子，老木匠说可以。但是大家后来都看得出来，他的心已不在工作上，他用的是软料，出的是粗活。房子建好的时候，老板把大门的钥匙递给他。

"这是你的房子，"他说，"我送给你的礼物。"

老木匠震惊得目瞪口呆，羞愧得无地自容。如果他早知道是在给自己建房子，怎么会这样呢。

现在他不得不住在一个粗制滥造的房子里！

很多人又何尝不是这样。他们漫不经心地"建造"自己的生活，不是积极行动，而是消极应付，凡事不肯精益求精，在关键时刻不能尽最大努力。等到警觉自己的处境时，早已深困在自己建造的"房子"里了。

接手了一份工作，就是作出了一项承诺，承诺自己会把工作做好。只要是属于你的工作范围，你就必须负责。

下面是一个在美国故事书中经常出现的故事：

　　有一位母亲和她的两个女儿，母女三人相依为命，过着简朴而平静的生活。后来，母亲不幸病倒，家里的经济状况开始恶化起来。这时候，大女儿珍妮决定出去找工作，以维持家庭生计。

　　她听说在离家不远的地方有一片森林，里面充满着幸运，她决定去碰碰运气。如人们传说的那样，一切都很幸运。当她在森林中迷失方向，饥寒交迫的时候，抬眼一看，不知不觉之中她已经来到一间小屋的门前。

　　一跨进门，她吃惊地缩回了脚步，因为她看到了杯盘狼藉、满地灰尘的场面。珍妮是一个喜欢干净的姑娘，等她的手一暖和过来，她就开始整理房子。她洗了盘子，整理了床，擦了地。

　　过一会儿，门开了，进来12个她从没见过的小矮人。他们对屋里焕然一新的环境十分惊讶。小女孩告诉他们，这一切都是她做的，她妈妈病了，她出来找工作，想在这里歇歇脚。

　　小矮人们非常感激。他们告诉她，他们的仙女保姆去度假了。由于她不在，房子变得又脏又乱。现在他们需要一个临时保姆。

　　小女孩高兴极了，她马上表示愿意当他们的临时保姆。于是，珍妮的工作生涯开始了。第二天，她早早地起床，给小矮人们做早餐，打扫屋子，准备晚餐，手脚勤快，工作又认真。

　　第三天、第四天也是如此。

　　到了第五天的时候，她透过厨房的窗子看到了美丽的森林风景。"对了，自从来到这里，我还没有见过在白天时森林的景色。出去看看吧。"小女孩对自己说道。

　　一切都是那么新奇。她在外面玩了整整两个小时，回到屋里的时候，太阳已经快落山了。她急急忙忙地跑过去整理床铺，洗盘子，准备晚饭。还有一件重要的事情——打扫地毯和地毯下面的灰尘。但由于时间太短，她决定不打扫地毯下面的灰尘了。"反正地毯下面没人看得见,有点灰尘也没有关系。"

一切都非常顺利,小矮人回来后,并没有发现什么。过了一天,珍妮又跑出去玩,又没有打扫地毯下的灰尘。"我每周清理一次灰尘就可以了。"珍妮对自己说道。

又过了五天,小矮人们回到家,用过晚餐,他们聚在一起打扑克。其中有一位小矮人丢了一张牌,他们到处寻找都没有找到。这时候有一位小矮人开玩笑地说:"说不定那张牌钻到地毯下面去了。"

很不幸的是,居然有人相信他的话,他们揭开了地毯,看见了灰尘满布的地板。

结局如你所料,幸运之神不再眷顾珍妮,她丢掉了这份工作,离开森林,开始寻找下一份工作。在深深的懊悔中,她开始明白:就算机会垂青,工作机遇降临身边,也要拿出责任心,百分之百地完成自己的工作。

对于任何一名员工来说,工作就意味着责任,没有责任感的员工不能成为一名优秀的员工。对工作和自己的行为百分之百负责的员工,他们更愿意花时间去研究各种机会和可能性,他们更值得信赖,也因此能获得别人更多的尊敬。与此同时,他们也获得了掌控自己命运的能力,这些将加倍补偿他们为了承担百分之百责任而付出的额外努力、耐心和辛劳。

如果你不愿意拿自己的人生开玩笑,那就勇敢地负起责任来吧。

眼光长远，做事要有远见

美国第九位总统威廉·享利·哈里森小时候曾有一段时间被人认为很傻。为什么呢？邻居们做过这样的试验：拿出一个五分的硬币和一个十分的硬币，让小哈里森从里头挑一个，小哈里森每次都拿那个五分的。屡试不爽，大家均以此为乐。

一个外地人路过此地，听说这件事后，感到很奇怪，于是亲自试验了一回，果然和大家说的一样。外地人在仔细观察小哈里森的言行后，拍拍他的肩膀笑着说："小朋友，你一点也不傻，你很聪明。"小哈里森也笑了。外地人没有再说什么就走了，邻居们都感到有些纳闷。

后来，终于有人想明白了为什么：如果小哈里森拿了十分的硬币，那么下次就不会再有人去做这样的试验了，他每次五分的收入就将终止。小哈里森原来是弃眼前的小利来保留长远的利益，小小年纪，就有这样的长远眼光，可真了不起，邻居们都赞叹不已。

成功有时离不开会隐藏真实目的，但会不会藏就是另外一码事了。精于隐藏的人都有一个共同的特点，那就是和小哈里森一样，有着长远的眼光。

一个人在成功的道路上能走多远，首先要看他站得够不够高，看得是不是远。只有看得长远，他才能对自己以后要做的事情心里有底，才知道自己行进的方向，以及需要为此采取什么样的行动。眼光长远的人往往不容易被眼前的得失所迷惑。有很多成功人士的例子都说明了这一点。他们有的面临着金钱的诱惑，有的经历了困境的阻挠。但他们往往能够执著于自己的梦想，从而摆脱眼前利益的诱惑，冲破困境的束缚。因为他们能够很清楚地看到未来的图景，所以他们能意志坚定，矢志不移。

战国时期，有两位好朋友，同求学于当时的名师鬼谷子的门下。他们就是我国历史上有名的说客苏秦和张仪。

苏秦出师入世较早，成功也来得顺利，而张仪学成后入世初时较为普通，郁郁不得志，不知前途如何，看到苏秦已成大事，便想投身门下，找到一条晋升的捷径。于是，他来到苏秦的门下，期望求取晋见的机会。一连几天，苏秦也没有来见他。之后，苏秦的属下安排他住下来，好不容易才碰上这位发达了的老友。可惜，苏秦没有热情地款待他，在吃饭的时候，不但没有同坐，还安置他在最末的位子，吃着仆役们才吃的粗饭。接着苏秦又用话语去羞辱他，说："以阁下的才干，怎么会潦倒到如此地步呢？我实在没有法子帮你，你还是靠自己的运气罢！祝你好运了。"

远道而来的张仪，满以为见到老朋友之后，一定会得到热情的招待和帮忙，没想到反而招来无名的羞辱，于是，愤怒地离开了苏秦的住处，希望凭着自己的才能，与苏秦一争高下。

当张仪走了以后，苏秦又暗中派人沿途用金钱接济他，支持他进行游说秦国的工作。苏秦的门人们觉得很奇怪，纷纷问苏秦是怎么回事，苏秦说："张仪的才干，在我之上，我怕他为了贪图一时的眼前小利，过分安于现实而丧失了斗志。所以，我侮辱了他一番，以便激起他上进的心。"

张仪是幸运的，有他的好朋友在激励他，帮助他。并不是所有人都有这样的朋友，所以，不断提醒自己，激励自己，让自己的目光始终盯着远方，让自己沉浸在实现远大目标的行动之中，这才是最为重要的。

眼光长远的人往往能走在时代的前沿。他能看见别人所不能看见的东西，掌握事物发展的未来趋势，因而能先行一步。在我们这个竞争日趋激烈、成功变得很艰难的时代里，这是不可或缺的元素。短视者只能迎接失败，即使他们曾经拥有过很优越的条件。他们往往被眼前的利益所迷惑，在透支享受今天的同时，忘记或忽略了给明天播种，最后只能被明天抛弃。

这就像下棋一样，高者能看出五步七步甚至十几步棋，低能者只能看出两三步。高手顾大局，谋大势，不以一子一地为重，以最终赢棋为目标；低手则寸土必争，结果在辛苦中屡犯错误，以失败告终。

人生就像是马拉松比赛，谁先到达终点，谁就是胜者，谁就是英雄。没听说过有什么人可以在不断采摘路边野花的同时获得冠军。而且，过程是为目标服务的，再美妙的过程如果得到的是苦果，也不会有太大的意义。

所以，要养成始终目视前方成功的习惯，不要被眼前的小利所迷惑。这才是人生成功的要点，也是好好做事的准则。

跟上节奏，轻重缓急分先后

　　每个人每天都有非常多的事情要做，为有效管理时间，一定要设定优先次序：在日常工作中，有20%的事情可决定80%的成果；目标须与人生、事业的价值观相互符合，如此才不致浪费力气。积极发展专长，从事高价值的活动；无益身心的低价值活动，会消耗我们的精力与精神，尽量不要去做。要设定优先顺序，将事情依紧急、不紧急以及重要、不重要分为四大类。一般人每天习惯于应付很多紧急且重要的事，但接下来会去做一些看来紧急其实不太重要的事，整天不知在忙什么。其实最重要的是要去做重要但是看起来不紧急的事，例如读书、进修等，若你不优先去做，你人生远大的目标则将不易实现。

　　设定优先次序，可将事情划分为五类：必须做的事情、应该做的事情、量力而为的事情、可以委托别人去做的事情，以及应该删除的事情。最好大部分的时间都用在做必须做和应该做的事情。

　　办事遵循有序化的原则是一种非常理性的做事信念。它包括对事情顺序的合理安排，对时间的严格分配等。而不会出现像一些人一样，东一榔头，西一棒子，弄得满地鸡毛的情景。

　　做事有条不紊有许多好处：1. 让我们非常明白自己的做事逻辑；2. 对完成的事和未完成的事有明确的概念不至于重复；3. 有利于随时做出经验总结，让接下去的事做得更好；4. 让自己有成就感和一步步逼近目标的兴奋感，这样会提高做事的热情。

客人来了，要泡茶，这就要洗茶杯，找茶叶，烧开水。而完成这件事可以有各种不同的顺序：

找茶叶→洗茶杯→烧开水

洗茶杯→找茶叶→烧开水

找茶叶→烧开水→洗茶杯

洗茶杯→烧开水→找茶叶

烧开水→找茶叶→洗茶杯

烧开水→洗茶杯→找茶叶

前面两种顺序最费时，最后两种顺序效果好。等洗茶杯与找茶叶这两件事做完后才想起烧开水，就费时了。如果先烧开水，在烧水的同时洗杯子，找茶叶，效果就好多了。

统筹做事往往能达到事半功倍的效果。泡茶只是一件很小的事，对于步骤更加多的事，需要我们来进行更细致的分析，找出联系和最简便的做事次序。

找出要做的事情的头绪。以购物为例，出发前，尽量先别想这事会多麻烦，相反，先看一看你的记事板，列出购物清单。这样做完后，你可以给自己一个鼓励，毕竟你比刚才前进了一步。接着，带上袋子和其他东西去购物。在路上，你要想着自己已经做好了购物的准备，要尽量避免思考在商场里购物可能遇到的麻烦。到了商场，慢慢地逛，直到把购物单上的物品全买完为止。

这听起来似乎有点按方抓药，从某种角度来说是这样的。核心问题是不要被诸如"太麻烦了，我无法应付"之类的观念所干扰。研究表明，在抑郁的时候，我们就丧失了制定计划，有条不紊做事的习惯，变得很容易畏难。对抗抑郁的方式，就是有步骤地制订计划。尽管有些麻烦，但请记住，你正训练自己换一种方式思考。如果你的腿断了，你将学会如何给伤腿逐渐地加力，直至完全康复。

其实很多事情的麻烦都是我们头脑中想象出来的，这些麻烦使一些人望而却步。思考缜密是正确的，可是这只限于你已经在心理上接受这些挑战的前提下。我们要学着把事情简单化，在那些未出现的景象前加一个"如果"，训练自己对风险的承受能力。眉毛胡子一把抓是办不好事情的，你需要把事情简单化，只有在细节上理清事情的头绪，才能把事情办好。

简单化是一种执着，是一种对抗困难的绝妙心理。它绝不是"阿Q精神"，而是冷静理智，外加一点点冒险精神。有这样一个笑话：

一辆载满乘客的公共汽车沿着下坡路快速前进着，有一个人在后面紧紧地追赶着这辆车子。一位乘客从车窗中伸出头来对追车子的人说："老兄，算啦！你追不上的！"

"我必须追上它，"这人气喘吁吁地说，"我是这辆车的司机！"

有些人对待事情必须非常认真努力，因为不这样的话，后果就十分悲惨了。然而也正因为必须全力以赴，所以潜在的本能和不为人知的特质终将充分展现出来。

在办事情的时候，我们能真正做到像这位追赶车子的司机一样投入，自己首先到位吗？不要老把做事看成是在帮别人做，要把自己当成司机，在追赶自己的车子。这样才能真正把自己的才能发挥出来，把事情办好。你有没有碰到过一切都准备好了，就只有自己没到位的情景？

我们通常习惯于念叨着这个没准备好，那个没准备好，就是忘记了自己有没有准备好。这是因为我们并未潜心做事，老觉得与自己关系不大。这种不够积极的想法会导致我们没有足够的紧迫感和认真的态度，不愿做到最好。而在准备充分之后，就要想想怎么开始进行了……

常言道：万物有理，四时有序。这里的"序"，是顺序、次序、程序的意思。

自然界是这样，人类社会也是这样。序，就是事物发生发展及运动变化的过程和步骤，是客观规律的体现。反映到实际做事中，它要求我们做事情必须讲程序。

对于程序及其重要性，长期以来人们存在着某些片面的认识。有人认为程序属于形式，没有内容那么重要；有人觉得程序是细枝末节，可有可无；有人甚至把程序当作繁文缛节，不但不重视，还很反感。由此而来，现实生活中不讲程序和违反程序的现象屡见不鲜，结果既影响做事的质量和效率，又容易助长不正之风，给工作和事业带来损失。

为什么做事要讲程序呢？我们不妨从程序的客观性来作一些分析。事物存在的基本形式是空间和时间，事物的发展变化都是在一定的空间和时间上展开的。事物的发展变化，从空间方面来看，可以分解为若干个组成部分；从时间方面来看，各个部分都要占用一定的时间并具有一定的次序。比如"种植"这一行为，就可以分解为播种、施肥、灌溉、收割等部分，这些部分均需占用一定的时间，并且有相应的先后次序。如果不在一定的时间播种，或者把收获和施肥的次序颠倒，那么种植行为就无法达到预期的目的。所以，顺时而动，不违农时，是务农必须遵守的程序。尊重程序，实质上是尊重规律。这就是做事情需要讲程序的道理所在。做事情有了效率，办事速度自然会提高。

而效率往往就是从简化开始的。把事情化繁为简的关键是抓住事物的主要矛盾。永远要记住，杂乱无章是一种必须改正的坏习惯。

哲学家曾经说过"没有人能背着行李游到岸上"。在坐火车和坐飞机时，超重的行李会让你多花很多钱，而在生活的旅途中，过多的行李让你付出的代价甚至还不仅仅只是金钱。你不能像没有负担那样迅速地实现你的目标，更糟的是，你永远都不能实现你的目标。这不仅剥夺了你的满足感和快乐，而且最终它还让你陷入烦躁的情绪。

纵观人类发展史，效率往往就是从简化开始的。赵武灵王提倡"胡服骑射"，结束了"战车时代"，靠简化在军事上作出了卓越贡献；秦始皇统一文字，统一货币，统一度量衡，靠简化推进了社会的进步。在当今科学技术、社会发展日新月异的时代，用简化的方法提高效率，加快自我致富的步伐，仍然具有重要意义。

有这样两种类型的人：一种是善于把复杂的事物简单化，办事又快又好；另一种是善于把简单的事物复杂化，使事情越办越糟。当我们让事情保持简单的时候，生活显然轻松很多。不幸的是，倘若人们需要在简单的做事方法和复杂的做事方法之间进行选择，我们中的大部分人都会选择那个复杂的方法。如果没有什么复杂的方法可以利用的话，那么有些人甚至会花时间去发明出来。这也许看起来很荒谬，但真有不少这样的事，很多勤奋人就在做这样的事。

我们没有必要把自己的工作变得更复杂。有人曾说："每件事情都应该尽可能地简单，如果不能更简单的话。"我们不必担心人们会让他们生活中的事情变得太简单，问题刚好相反：大部分人都把他们的生活变得太复杂化，而且还总奇怪为什么他们有这么多令人头疼的事情和麻烦。他们恰恰是那些外表看起来很勤奋的人。

有很多人沉迷于找许多方法来使个人生活和业务变得复杂化。他们在追求那些不会给他们带来任何回报的事情上浪费了大量的金钱、时间和精力。他们和那些对他们毫无益处的人待在一起。在某种程度上这简直像受虐狂。

许多人都趋于把自己的工作变得更困难和复杂。他们快被自己的垃圾和杂物压垮了，那就是他们的物质财产、与工作相关的活动、关系网、家庭事务、思想和情绪。这些人无法像他们所希望的那么成功，原因是他们给自己制造了太多的干扰。

把事情化繁为简的关键是抓住事物的主要矛盾。必须善于在纷纭复杂的事物中，抓住主要环节不放，快刀斩乱麻，使复杂的状况变得有脉络可寻，从而使问题易于得到解决。同时它还意味着要善于排除工作中的主要障碍。主要障碍就像瓶颈堵塞一样，必须打通，否则工作就会"卡壳"，耗费许多不必要的时间和精力。

永远要记住，杂乱无章是一种必须改正的坏习惯。有些人将"杂乱"作为一种行事方式，他们认为这是一种随意的个人风格。在他们的办公桌上经常放着一大堆乱七八糟的文件。他们好像以为东西多了，那些最重要的事情总会自动"浮现"出来。对某些人来说他们的这个习惯已根深蒂固，如果我们非要这类人把办公桌整理得井然有序，他们会觉得像穿上了一件"紧身衣"那样难受。不过，通常这些人能在东西放得这么杂乱的办公桌上把事情做好，在很大程度上是得益于一个有条理的秘书或助手，弥补了他们这个做事杂乱无章的缺点。

但是，在多数情况下，杂乱无章只会给工作带来混乱和低效率。它会阻碍你把精神集中在某一单项工作上，因为当你正在做某项工作的时候，你的视线会不由自主地被其他事物吸引过去。另外，办公桌上东西杂乱也会在你的潜意识里制造出一种紧张和挫折感，你会觉得一切都缺乏组织，会感到被压得透不过气来。

如果你发觉你的办公桌上经常一片杂乱，你就要花时间整理一下。把所有文件堆成一堆，然后逐一检视（大大地利用你的字纸篓），并且按照以下四个方面将它们分类：即刻办理，次优先，待办，阅读材料。

把最优先的事项从原来的乱堆中找出来，并放在办公桌的中央，然后把其他文件放到你视线以外的地方——旁边的桌子上或抽屉里。把最优先的待办件留在桌子上的目的是提醒你不要忽视它们。但是你要记住，你一次只能想一件事情，做一件工作。因此你要选出最重要的事情，并把所有精力集中在这件事上，直到把它做好为止。

在每天下班离开办公室之前，把办公桌完全清理好，或至少整理一下，而且每天按一定的标准进行整理，这样会使第二天的工作有一个好的开始。

尽量不要把一些小东西——全家福照片、纪念品、钟表、温度计，以及其他东西过多地放在办公桌上，它们既占据你的空间也分散你的注意力。

每个坐在办公桌前的人都需要有某种办法来及时提醒自己在一天中要办的事项。演员在拍戏时，常常借助各种记忆法，让自己快速记住如何叙说台词和进行表演，你也可以试试。这时日历或一些小程序也许很有帮助，但是最好的办法是添加一种待办事项备忘录或定时提醒，我们在手机软件上也可以实现这种规划和安排，一个月的每一天都规划记录好，做完直接记录打卡，月末再规划下一个月的分布计划。要处理大量文件的办公室当然就需要制订出一种更严格的制度。

此外，最好对时间进行统筹，比如到办公室后，有一系列事务和工作需要做，可以给这些事务和工作安排好相对应的时间：收拾整理办公桌 3 分钟；整理一天的工作计划安排 5 分钟；关于某一报告的起草 15 分钟，等等。

总之，那些容易把事情复杂化的无数人都应该学会的一种能力是：清楚地洞察一件事情的要点在哪里，哪些是繁文缛节，然后用快刀斩乱麻的方式把它们简单化。这样不知要节省多少时间和精力，从而能大大提高你的效率。要知道，乱中有序，抓住重点，才能保持你的做事节奏。

第 2 章

拒绝拖延　好好做事就该雷厉风行

　　现在大家经常讲的一个词就是"拖延症"。其实就是一种办事拖拉，不到最后截止时间就不抓紧做事的坏毛病。无论在生活中，还是在工作中做事，我们都得有一个基本的观念，那就是只要自己认定的事情，就必须有雷厉风行的手段，迅速地行动起来。与之相反，长时间的空想而没有实际的行动伤害的终归是我们自己和我们的事业。

天马行空易，脚踏实地难

著名作家海明威小的时候很爱空想，于是父亲给他讲了这样一个故事：

有一个人向一位思想家请教："你成为一位伟大的思想家，成功的关键是什么？"思想家告诉他："多思多想！"

这人听了思想家的话，仿佛很有收获。回家后躺在床上，望着天花板，一动不动地开始"多思多想"。

一个月后，这人的妻子跑来找思想家："求您去看看我丈夫吧，他从您这儿回去后，就像中了魔一样。"思想家跟着到那人家中一看，只见那人已变得形销骨立。他挣扎着爬起来问思想家："我每天除了吃饭，一直在思考，你看我离伟大的思想家还有多远？"

思想家问："你整天只想不做，那你思考了些什么呢？"

那人道："想的东西太多，头脑都快装不下了。"

"我看你除了脑袋上长满了头发，收获的全是垃圾。"

"垃圾？"

"只想不做的人只能生产思想垃圾。"思想家答道。

我们这个世界缺少实干家，而从来不缺少空想家。那些爱空想的人，总是有满腹经纶，他们是思想的巨人，却是行动的矮子。这样的人，只会为我们的世界平添混乱，自己一无所获，也不能创造任何的价值。

在父亲的教导下，海明威后来终其一生都喜欢实干而不是空谈，并且在其不朽的作品中，塑造了无数推崇实干而不尚空谈的"硬汉"形象。作为一名成功的作家，海明威有着自己的行动哲学。"没有行动，我有时感觉十分痛苦，简直痛不欲生。"海明威说。正因为如此，在读他的作品时，人们发现其中的主人公们从来不说"我痛苦""我失望"之类的话，而只是说"喝酒去""钓鱼吧"。

海明威之所以能写出流传后世的名著，就在于他一生行万里路，足迹踏遍了亚、非、欧、美各洲。他的文章的大部分背景都是他曾经去过的地方。在他实实在在的行动下，他取得了巨大的成功。

有想法是件好事，但要紧的是付诸行动去做事。任何事情本来就是要在行动中实现的。

奇迹只差行动

要成功，你不必花太多的时间去思考，你必须迈出第一步，然后一步一步地走下去。

一位美国老太太从纽约步行到佛罗里达州的迈阿密市。抵达后，记者问她："请问您是如何鼓起勇气徒步旅行的？"

她回答得非常轻松："我迈出了第一步，我所做的一切就是这样。当我走了第一步，接着便有了第二步，然后再一步，一步一步地，我就到了这里。"

迈出第一步真的很重要，这表明你已经开始行动了。一旦行动起来，如果你决心成功，不达目的誓不罢休，你就会进入状态，你就会背水一战，你就会积累冲劲。冲劲将有助于你走向成功，因为行动起来的冲劲能够比较容易地克服一些障碍。一匹狂奔的战马，再大的障碍也很难阻止它前行。

智者虽有谋略，但如果不立即行动，也将一事无成；愚者虽少智慧，只要在行动中磨练自己，也将心想事成。在任何时候，我们都不要忘记提醒自己：立刻行动，首先迈出第一步，切勿错失良机！

有句名言说得好："在生活中，没有任何东西比人的行动更重要更珍奇了。"行动起来总会带来价值，没有行动就没有价值。只要你强迫自己迈出第一步，继续前进就不那么困难了，只要你立刻行动起来，再难的事情也会变得很容易。

美国巨星史泰龙曾经出身贫苦，11岁时父母离异，随后没过几年便辍学在家。只因看了一场精彩的电影之后，便狂热地爱上了电影，并立志成为电影演员。

尽管他知道自己有口吃的毛病，没有文化，人长得又不特别帅气，但是，他全然不顾，立即开始了行动。

他找来好莱坞电影公司的名录，开始照着上面的地址，一家一家地去推荐自己。讽刺，挖苦，嘲笑……没有一家公司愿意接受他。

"你这个样子怎么可能做得了电影演员呢？"

"算了吧，我们才不会要你哩。"

"走远一点，这里不是你做梦的地方！"

……

越是这样，史泰龙越是觉得："我一定要成为好莱坞的电影明星。"

"你死了这条心吧，不要再来了，我们公司不欢迎你。"在近1000次遭到拒绝后，史泰龙并没有灰心，而是根据自己之前行动全部遭到拒绝的实际体验，写了题为《洛奇》的剧本。然后又一次一次地走进一家又一家电影公司。后来终于有人愿意出钱买他的剧本，但不是由他来主演。尽管此时他饥寒交迫，他还是说"NO"。

在将近1900次时，史泰龙终于如愿以偿。由他主演的电影《洛奇》一炮打响，他成为了超级巨星。1977年，他凭借自编自演的电影《洛奇》获得了第49届奥斯卡、第34届金球奖最佳男主角和最佳编剧奖提名。后来，又因《洛奇》和《第一滴血》两个动作系列电影成为80年代好莱坞动作明星的代表。由此我们不难看出，如果没有行动，就没有史泰龙的一切。绝大多数人整天思前想后，而不敢挪动一下脚步，必将一事无成。

有些人总是眼睁睁地看着到手的机会跑掉，为什么呢？因为他们不敢行动，怕准备不充分，会失误；怕一脚迈不好，会跌倒。当他一切都准备好之后，却又时过境迁，再采取行动已经毫无意义了。

很多东西原本就是要在行动中去学习，去见识，去经历，而不是事前就可以准备的。你想在事事准备好后再行动，也许永远也动不起来。因此，一旦你立定目标，就要当机立断，大胆地去行动。

别拖着，快去好好做事

在人类前进的道路上你会发现，成功更偏爱那些立即行动的人。

比尔·盖茨说："想做的事情，马上动手，不要拖延。"这是比尔·盖茨的成功经验，他的这种经验，同样也适用于我们。

如何做到"想做的事，立即去做"？这就需要你养成从小事做起的习惯，当这种习惯深扎于你的内心之后，你就会达到"水到渠成"的境界。

比尔·盖茨曾向他的员工谈起他的成功之道，他说："我发现，如果我要完成一件事情，我得立刻动手去做，空谈无济于事！"比尔·盖茨的这句话放之四海而皆准。

很显然，要能马上行动，就要克服许多人常有的拖延习惯。

拖延是一种习惯，行动也是一种习惯，不好的习惯要用好的习惯来代替。

仔细思考一下，拖延的事情迟早要做，为什么要推后再做？立即做完以后可以休息，而现在休息，也许往后要付出更大的代价。

想一想，在日常生活当中，有哪些事情是你最喜欢拖延的，现在就下定决心，将它改善。

从最简单的事情开始，当你可以激发自己的行动力的时候，你会非常有冲劲，会非常想去完成一件事情。

拖延是行动的死敌，也是成功的死敌。拖延使我们所有的美好理想都变成真正的幻想；拖延令我们丢失今天而永远生活在对"明天"的等待之中；

拖延的恶性循环使我们养成懒惰的习性、犹豫矛盾的心态。这样我们就成为一个永远只知抱怨叹息的落伍者、失败者、潦倒者。成功学创始人拿破仑·希尔说："生活如同一盘棋,你的对手是时间,假如你在行动前犹豫不决,或拖延地行动,你将因时间过长而痛失这盘棋,你的对手是不容许你犹豫不决的!"拖延是这样的可恶,然而却又这样的普遍,原因在哪里?

成功素质不足、自信不足、心态消极、目标不明确、计划不具体、策略方法不够多、知识不足、过于追求十全十美,这些都是原因。

停止拖延,比尔·盖茨先生提示,立即去提高自己的成功素质,缺什么,补什么。

以下是比尔·盖茨对克服拖延,立即行动的对策的探讨。

1. 做个主动的人。要勇于实践,做个真正在做事的人,不要做个不做事的人。

2. 不要等到万事俱备以后才去做,永远没有绝对完美的事。将来一定有困难,一旦发生,就立刻解决。

3. 创意本身不能带来成功,只有付诸于实践时创意才有价值。

4. 用行动来克服恐惧,同时增强你的自信。怕什么就去做什么,你的恐惧自然会立刻消失。

5. 自己推动你的精神,不要坐等精神来推动你去做事。主动一点,自然会精神百倍。

6. 立刻开始工作。不要把时间浪费在无谓的准备工作上,要立刻开始行动才好。

7. 态度要主动积极,做一个改革者。要自告奋勇去改善现状,要主动担任义务工作,向大家证明你有成功的能力与雄心。

更快，更好，更强

假如你具备了知识、技巧、能力、良好的态度与成功的方法，懂的比任何人都多，但你依旧不能成功，这是因为你还必须要行动，一百个知识不如一次行动。

假如你终于行动了，还不一定会成功，这是因为太慢了。在现代社会，行动慢，等于没有行动。你只有快速行动，立刻去做，比你的竞争对手更早一步知道和做到，你才有更多成功的机会。不论任何时候，任何地方，你都可以轻易得到任何你所需要的知识与信息，你也会知道昨天晚上，你的竞争对手是否比你多掌握了一些你所不知道的信息。

或许，现在的年轻人轻易就可以知道这世界上每位成功人士的经验，就像你和别人现在看的这本书一样，在未来，他们都将是你的竞争对手。这些事情在告诉我们：必须掌握时间，立即行动！能够超越你竞争对手的关键，能够帮助你达到目标的关键，能够帮助你占领市场的关键，能够帮助你成功致富的关键，只有两个：一是行动，二是速度。

失败的主要原因是拖延，失败者的最大的弱点是犹豫不决，这些人天天在考虑、在分析、在判断，迟迟不下决定，总是优柔寡断。好不容易做了决定之后，又时常更改，不知道自己要的是什么，抓怕死，放怕飞。终于决定要实施了，他们做的第一件事就是拖延，不行动，告诉自己："明天再说""以后再说""下次再做"。这样的人，不晓得多不多。也许读者身边就有这种人，这样的人怎么可能成功呢？必须知道拖延与犹豫是失败的原因，行动与速度是制胜的关键。"不积跬步，无以至千里"，让我们激发心中的动力，一起行动起来，努力让自己变得更好，让自身实力变得更强……

因为行动可以改变你的命运，改变他人的命运，改变大家的命运，改变整个世界的命运。让我们用行动打造自己，在一步一个脚印中，把握成功的真谛，认识并重塑自我。

方法总比困难多

没有不可解决的困难，只有无法逾越的心灵堡垒。

敢于应对挑战的开拓者个个都是解决问题，排除困难的高手。开拓者明白：困难可以把人击垮，也可以让人重新振作。当人没有勇气面对困难时，它们是不可逾越的高山；当人借勇气，凭毅力克服那些困难后，回头再看时，它们不过是一只只纸老虎。

作为一名出色的开拓者，他们更是敢于面对形形色色的困难。因为，说白了，他们的工作就是带领自己的下属，以最圆满的方式解决瞬息万变的商场上的问题，以无畏的勇气去面对困难。

阿道夫·达斯勒被公认为是现代体育工业的始祖，他凭着不断创新的精神和克服困难的勇气，终身致力于为运动员制造最好的产品，最终建立了与体育运动同步发展的庞大体育用品制造公司。

阿道夫·达斯勒的父亲从早到晚靠祖传的制鞋手艺来养活一家四口人，阿道夫·达斯勒兄弟两个有时也可以帮助父亲做一些零活。一次偶然的机会，一家店主将店房转让给了阿道夫·达斯勒兄弟，并可以分期付款。

兄弟俩欣喜若狂，可资金仍是个大问题，他们从父亲的作坊搬来几台旧机器，又买来了一些旧的必要工具。鲁道夫和阿道夫正式挂出了"达斯勒制鞋厂"的牌子。

建厂之初，他们以制作一些拖鞋为主，由于设备陈旧、规模太小，再加上兄弟俩刚刚开始从事制鞋行业，经验不足，对市场又不是很了解，款式上也是模仿别人的老式样，这种种原因导致生产出来的鞋没有引起消费者的注意，销售情况不是很好。

出师不利的困境没有让两个年轻人打退堂鼓，意想不到的困难，更没有使他们退缩。他们想方设法找出矛盾的根源所在，努力走出失败的困境。

聪明的阿道夫通过学习了解到：那些企业家的成功之道在于牢牢抓住市场，并且创造生产人们喜爱的产品，只有推陈出新才能赢得市场。而他们生产的款式已远远落后于当时的需求。

兄弟俩通过市场调查，最后得出结论：他们应该立足于普通的消费者。因为普通大众大多数是体力劳动者，他们最需要的是既合脚又耐穿的鞋。

再加上阿道夫是一个体育运动迷，并且他深信随着人们生活水平的提高，健康将越来越会成为人们的第一需求，而锻炼身体就离不开运动鞋。

兄弟俩确定好目标后，就勇敢地开始转型。大胆的他们把自己的家也搬到了厂里，在厂里一待就是一个多月，终于生产出几种式样新颖、颜色独特的跑鞋。

然而，任何一种新产品推到市场，都有一个被消费者认识的过程。当兄弟俩带着新鞋上街推销时，人们首先对鞋的构造和样式大感新奇，争相一睹为快。可看过之后，真正掏钱买的人很少，人们看着两个小伙子年轻、陌生的脸孔，带着满脸的不信任离开了。

一连许多天，都没有卖出一双鞋，兄弟俩四处奔波，向人们推荐自己精心制作的新款鞋，但都受到了同样的冷遇。两个人开始有些灰心了。

兄弟俩本以为在做过大量的市场调查之后生产出的鞋子，一定会畅销，可市场却又一次无情地打击了兄弟俩。他们不知道问题出在了哪里。无法解决的困难又一次让两个年轻人陷入绝境。

可在阿道夫·达斯勒的字典里没有"输"这个字，只有胆气陪伴着他，去闯过一个个难关。

在困难面前，兄弟俩没有消沉，没有退缩，没有弃之不管，放任自流，而是迎着困难而上，在仔细分析当时的市场形势和自己工厂的现状后，勇敢地从中找出了解决的办法。

兄弟俩商量后决定：把鞋子送往几个居民点，让用户们免费试穿，觉得满意后再向鞋厂付款。

一个星期过去了，用户们杳无音信。两个星期过去了，还是没有消息。兄弟俩心中都有些焦躁，有一些坐不住了。

在耐心的等候中，又一个星期过去，他们现在唯一的办法也只有等待了。一天，第一个试穿的顾客终于上门了。他非常满意地告诉兄弟俩，鞋子穿起来感觉好极了，价钱也很公道。在交了试穿的鞋钱之后，又订购了好几双同型号的鞋。

随后不久，其余的试穿客户也都陆续上门。一时之间，小小的厂房竟然人来人往，络绎不绝。鞋子的销路就此打开，小厂的影响也渐渐扩大了。

兄弟俩没有被初次创业所遭受的种种困难所吓倒，面对资金不足、经验不足、信誉缺乏等困难，他们凭着自己的信心和勇气一一攻克。为日后家族现代体育工业帝国的建立，打下了坚实的基础。

在任何时候，任何事情，都存在各种各样的困难，这些困难，在勇敢者眼里是不足为惧的，而在那些懦弱者的心目中，困难总是不可逾越的，他们习惯高估困难，从而给自己的无能披上一件遮羞布，为自己的懒惰搭一张温床。而所有那些把困难垒高的人，无一例外地都把自己划分到了失败者的行列中。

在人生旅程中，难免会遇到或多或少的阻力和困难。但是，我们没有必要高估困难。其实困难是一只纸老虎，你怕它，它就会凶猛，你不怕它，仅一指就可捅破。

"逆水行舟，不进则退"。但顺水行船就很方便，水流船自行，遇险处便应尽力"顺水行船"，费力不多而效果大。智慧之人不钻死胡同，此路不通，他会随机就势，顺水行船，另谋良策。

十八世纪初期，一个晴朗的夏日，一支强大的英荷联合舰队，突然出现在西班牙的加的斯港。这支舰队的作战企图是夺取这个港口，控制地中海的入口处。

指挥这支舰队的是大英帝国国王威廉三世派遣的奥蒙德公爵和乔治·鲁克爵士。这支庞大的舰队在临近港口时，由于敌情不明，两位指挥者不敢贸然发动进攻。事实上，当地守军并没有太坚固的防御。如果英荷联合舰队发动突然进攻的话，则可一举拿下港口，夺取制高点，轻而易举地获胜。然而，舰队的二位指挥者都是贵族出身，平时吃喝玩乐在行，打起仗来却没有多少计谋。

鲁克爵士倒还有些主见，说："国王这次命你我远征，我们应该尽快解决战斗，突然占领港口，这样才能有立足之地。否则，舰队的水和食品用完了怎么办？"他主张立即进攻。

而奥蒙德公爵却说："我看，还是稳一点为好，我们远道而来，是为了占领这个港口，不是打一仗就走。要是贸然行动，导致全军覆没，国王一定会怪罪你我，割去爵位事小，丢了性命可就不值得了。"

乔治爵士听他这么一说，也觉得负不起责任，问："你说该怎么办呢？"

"命令水兵乘小船分批登陆，抢占滩头阵地，夺取要塞，逐步占领港口！"奥蒙德公爵主意十分坚定。

一声令下，士兵们纷纷跳上小船，向滩头发起冲锋。开始十分顺利，基本没有遇到抵抗。英荷联军以为当地守军被吓破了胆，不敢抗击了。

实际上，英荷联军的作战企图一开始就被西班牙人识破了，他们火速调集兵力，调整部署。但是，由于当地兵力不足，暂时没有进行大规模的抵抗。

英荷联军进攻顺利，得意忘形，一路见人就杀，见东西就抢，就连教堂也不放在眼里，纵火便烧。这种烧杀抢掠，亵渎神明的行为大大地激起了当地民众的强烈反抗，老百姓纷纷起来用自制武器对抗英荷联军。英荷联军则陷入了"人民战争的汪洋大海"之中了。

奥蒙德公爵和鲁克爵士指挥作战不力，缺乏统一计划，使得英荷联军一遭到抵抗，便乱了阵脚。西班牙守军则借机从容地加强了防卫。

战斗持续了近一个月，英荷联军多次发动进攻都没能拿下港口，眼看着食品和淡水快要用完了。奥蒙德公爵和鲁克爵士非常沮丧。

"再打下去我们可支撑不住了，还不如收兵回国吧！保存一点兵力也好向国王交差。"鲁克爵士建议。

"只有这样了，让各舰清点人员和食品及淡水储备量，计划好每天的消耗，我们启程吧。"奥蒙德公爵最后下了决心。

当舰队正准备掉头返航时，两位指挥官突然接到一份报告："一批西班牙运宝船，刚刚停靠在离加的斯港不远的维哥湾。"

一听有运宝之船，奥蒙德公爵和鲁克爵士顿时来了精神。公爵说："感谢万能的上帝，我们发财的机会来了！远洋出征这么长时间，一无所获，若能抢得这批宝物，大家发财不说，回去在国王面前也好说话了。"

爵士接过话来说："登陆作战我们没有经验，在海上攻击不一定不行。况且，对手是运送宝物的商船，没有什么防卫力量。这真是上帝赐予我们的报仇之机会呀！"打败仗的时候，他们埋怨上帝，此时，他们又都开始赞美上帝了。

"目标维哥湾，全速前进！击沉宝船，人人有份！"这回奥蒙德公爵的命令充满了自信心。海军们在黄金宝物的刺激下，对维哥湾运宝船队进行了疯狂的袭击，将船只全部击沉，烧毁，俘获。同时，劫得一百万英镑。

回到国内，奥蒙德公爵和鲁克爵士，添油加醋地向威廉三世报告"战况"，同时交出了部分抢到的英镑。

威廉高兴之下，不仅没有对二人治罪，反而还大大地表扬了一番。

奥蒙德公爵和鲁克爵士在攻打西班牙加的斯港时，意外遇上运宝的船，便"顺风扯旗"地将一船宝物占为己有。

奥蒙德公爵和鲁克爵士对港口发动了多次进攻，未能取得战绩，后来来了一运宝之船，因为船上有宝，士兵们不顾一切，夺取了胜利。奥蒙德公爵和鲁克爵士回到国内不但没有被治罪，反而受到了嘉奖。这正是东方不亮西方亮。

摆平困难之事，好比治水：事情复杂强大了，就要躲过冲击，如用疏导之法分流；对于比较容易办的事情，就抓住时机解决它，就像筑堤围堰，不让水流走。

想理顺"乱丝和结绳"，如果不能快刀斩乱麻，也可以用手指慢慢去解开，不能握紧拳头去捶打；排解搏斗纠纷，最好动口劝说，避免动手参加。直面对手，应避实就虚，避其锋芒，迂回而进，制造事端，攻其要害，使其受到阻碍，受到牵制，让别人不得不分出精力来顾及另一件事情，方可自解，自己坐收渔翁之利。或在别人还没有准备时，先开拓自己视野，摒弃不合理的惯性思维。此法运用得当，可一举多得。

疏堵结合，也就是我们常说的先声夺人，先声夺人亦即围魏救赵战术的运用，其关键就在于利益的得失。只有抓住对方的利益所在，使其看到有遭受损失的可能，对方才会改变主张，做出有利于自己的选择或让步，从而达到自己的目的。

要摆脱难办的事和人，此招的使用是普遍的，其表现形式也多种多样。在双方旗鼓相当或对方占据优势的情况下，为了击败对方，就要最大限度地发挥自己的优势。此外，还要从公共关系方面下功夫，给对方造成威胁。在这样的形势下，对方必须要采取补救措施，这就要付出人力和物力，原有的优势或主动权就有可能丧失。双方的力量通过一系列戏剧性的变化，使自己的力量不断增强，对方的力量不断削弱，这就为自己最后获胜开辟了平坦的道路。

在我们工作、生活中经常会遇到难缠的人和事，怎样来摆平呢？下文中，印度画商的"先堵后疏"术给了我们一个示范：

在比利时的一间画廊里，一位美国画商和一位印度画商在激烈地讨价还价，争得不可开交。原来，印度画商带来的一批画，每幅开价都在十至一百美元之间，唯独对美国画商选中的三幅画，每幅要价二百五十美元，一文不让。

美国画商对这种敲竹杠的行为当然不满意，不愿成交。

不料，印度画商大为生气，抓住三幅画中的一幅，当场点火烧掉了。

美国画商见他把自己喜爱的画烧了，心里觉得很可惜。他问印度画商，剩下的两幅画价格是否能低点儿。不料印度画商毫不让步，坚持每幅二百五十美元，一点儿也不能少。

美国画商仍然嫌价钱太高，不愿买下。于是，印度画商又抓起一幅画烧掉了。

这下美国画商沉不住气了。他酷爱收藏名人字画，只好低声下气地乞求画商不要烧掉这最后的一幅画，自己愿意将它买下来。

打掉了美国画商的气焰，印度画商乘胜出击，将这最后一幅画提价到五百美元。美国画商不敢有任何反抗，乖乖地付了款。

其实，在商品交易方面，为了使双方达成的协议不至于反悔，采取一种

"这边疏来那边堵"的方式是必要的。那就是不直接面对，而是采取迂回战术，直切对手的痛处，待他接受了条件后，也就掌握了主动权，可以迫使另一方遵守协议，不得中途变卦，以保证交易的顺利进行。

兵法中称：打集中的强敌，不如把他分散以后再打；先兵出击，不如后发制人。其基本思想是强调攻其所必救，歼其救者；攻其所必退，歼其退者，以达到趋利避害的目的。在职场中采取此战术，可轻松应对许多事情。

在职场中，身怀特长，要想到理想的单位工作，而这个单位又对你提出一些限制时，可以先答应部分条件，然后再提出和此单位相竞争单位的用人优惠条件，依此使原来的单位提高待遇。整个聘用过程看似"水到渠成"，实则用的是一种"先堵后疏"的高明手法。

第 3 章

思路开阔　好好做事需要多元化

　　做事时思路很重要，一个好的思路能够节省很多时间和精力。同样的事情，不同的人做，其成果和效率是截然不同的。

做事别做老古板

一个人因循守旧无异于等死。没有创新的力量和行动，我们永远都不会进步，我们永远都将固守着我们所谓的梦想。一个人赖活着，只要不是运气太差，怎么样都能活下去。但是如果我们想成就一份事业，我们想真正有所作为，我们就一定不能因循守旧，古板执拗。任何事业都有它的存在价值，而任何存在价值都在不断变化中。有的人往往习惯于守旧，结果把自己守得一日不如一日。

在夏日枯旱的非洲大陆上，一群饥渴的鳄鱼陷身在水源快要断绝的池塘中。较强壮的鳄鱼开始追捕同类来吃，物竞天择，适者生存的一幕幕正在上演。

这时，一只瘦弱勇敢的小鳄鱼却起身离开了快要干涸的水塘，迈向未知的大地。

干旱持续着，池塘中的水愈来愈浑浊、稀少，最强壮的鳄鱼已经吃掉了不少同类，剩下的鳄鱼看来是难逃被吞食的命运。这时不见有别的鳄鱼离开。在它们看来，栖身在混水中等待被吃掉的命运，似乎总比离开，走向完全不知在何处的水源更安全些。

池塘终于完全干涸了，唯一剩下的大鳄鱼也难耐饥渴而死去了，它到死还守着它残暴的王国。

那只勇敢离开的小鳄鱼，在经过长途跋涉后，幸运的它竟然没死在半途上，而且还在干旱的大地上找到了一处水草丰美的绿洲。

很多人都是在看到前面无路可走的时候，才想到要去改变。为什么我们不能在还有路的时候就改变呢？这样我们永远都不会到无路可走的地步。事实上，当一个人真的到无路可走的地步的时候，他已经丧失了改变的勇气和智慧。

我们永远都不要到那种境地，我们要通过自己的努力不断地改变自己，不断地让自己更加适应。要确保自己前面永远有路，我们就必须确定自己始终走在前列，因为整个社会都实行末位淘汰，那些穷途末路的人往往是被淘汰掉了。要适应变化，就要学会改变，不要到穷途末路的时候才想到绝地反击，我们要有不断改变自己，促使自己不断适应的勇气和行动力。

求新求变，在创新变革中改变自己，改变社会是人类之所以前进的原因。这种品质一直潜藏于人类的头脑之中，正是有了它，我们的生活才如此丰富多彩。而如今，各方面的竞争都很激烈，如何生存不是问题，而如何生存得更好困扰着每一个人。对于想成大事的人，必须不断地思索，不断地开拓，才有所作为，有所成就。

富翁们往往拥有很高的创造能力：他们选择的职业既能获取巨大的收益，也能使他们投入激情。请记住，如果你喜欢你做的，你就能发挥出你特有的创造才能。一位专家曾经说过，有创造性能力的人往往喜欢他们自己选择的职业，而这正是他们一生成功的主要原因之一。

前几年有一本畅销书叫做《谁动了我的奶酪》，它或许能给我们一些成功的启示。故事主要是说两只老鼠在迷宫中寻找奶酪的故事。这个故事告诉那些想成功的人们，要不断适应时代的需求和变化，不断地挖掘自己的潜力，动用自身的智慧来寻求自己想得到的奶酪。

拥有创造能力的人会提出新颖独特的创业思想，然而，有创造思维的人往往不容易被社会认可。在考试时，他们经常会在主观考试题的空白处写上"不止一个答案"，并给出逻辑的解释。他们都是某种"激进分子"。

一次，拿破仑·希尔问训练班上的学员："你们有多少人觉得我们可以在三十年内废除所有的监狱？"

学员都显得很困惑，怀疑自己听错了，一阵沉默之后，希尔又重复了一遍这一问题。

确信拿破仑·希尔不是在开玩笑以后，马上有人出来反驳："您的意思是要把那些杀人犯、抢劫犯以及强奸犯全部释放吗？你知道会有什么后果吗？这样我们就别想得到安宁了，不管怎样，一定要有监狱。"

大家开始七嘴八舌，各抒己见。

"社会秩序将会被破坏。"

"某些人生来就是社会败类。"

"如有可能，还需要更多的监狱呢！"

"难道你没有看到今天报上谋杀案的报道吗？"

还有人提出必须有监狱，警察和看守人才有工作做。

听罢，拿破仑·希尔接着说："你们说了各种不能废除的理由。现在，我们来试着相信可以废除监狱，假设可以废除，我们该如何着手。"

大家有点勉强地赞成试验，沉默了一会儿，才有人犹豫地说："成立更多的青年活动中心可以减少犯罪事件。"不久，这群刚才还坚持反对意见的人，开始热心地参与进来。

"要消除贫苦，大部分的犯罪都起源于低收入的阶层。"

"要辨认和疏导有犯罪倾向的人。"

"借手术方法来惩治某些犯罪。"

这样总共提出了 78 种构想。一些构想经过运行，变成了现实。

一切的成就，一切财富，都源于创造的理念。它是一切财富的起源，它是想象力的成品。当你相信某一件事不可能做到时，你的大脑就会为你找出种种做不到的理由作论据。但是，当你相信——真正地相信，某一件事确实可以做到，你的大脑就会帮忙找出能做到的各种方法。这就是创造力的奥秘所在。

客观事实摆在那里，你该怎么办

人生不如意十之八九，幸运和成功不会总围绕着一个人，起起落落也可能是常态。人们面对同样一件事情，用什么样的心态去看待很重要，用不同的心态去看客观事物会产生不一样的情绪，而这些情绪会产生不一样的主观能动性。很多成功人士都告诉大家，在客观事实面前，要学会换种不同的角度去看待它，尝试接纳并理解，或者是努力去改变它。

麦克·瓦拉史是位著名电视节目主持人，他在电视上主持的《六十分钟》是人气爆棚的节目。有这样一个故事：在刚进入电视台的时候他是一名新闻记者，因他口齿伶俐，反应快，所以他除了白天采访新闻外，晚上又报道七点半的黄金档节目。以他的努力和观众的良好反应，他的事业应该是可以一帆风顺的。

不过很不幸的是，因为麦克的为人很直率，一不小心得罪了顶头上司新闻部主管。有次在一新闻部会议上，新闻部主管出其不意地宣布："麦克报道新闻的风格奇异，一般观众不易接受。为了本台的收视率着想，我宣布从今以后麦克就不要在黄金档报道新闻了，改在深夜十一点报道新闻。"

这个毫无前兆的决定让大家都很吃惊，麦克也很意外。他知道自己被贬职了，心里觉得很难过，但他突然想到"这也许是上天的安排，一定是在帮助我成长"，他的情绪渐渐平静下来，表示会欣然接受新差事，并说："谢谢主管的安排，这样我可以利用六点钟下班后的时间来进修。这是我早就有的想法，只是不敢向你提起罢了。"

此后，麦克天天下班之后就去进修，并在晚上十点左右赶回公司准备十一点的新闻。他把每一篇新闻稿都详细阅读，充分掌握它的来龙去脉。他的工作热情绝没有因为深夜的新闻收视率较低而减退。

渐渐地，收看夜间新闻的观众愈来愈多，好评也愈来愈多。随着这些不断的好评，也有部分观众开始责问："为什么麦克只播深夜新闻，而不播晚间黄金档的新闻？"询问的信件、电话不断，终于惊动了总经理。

总经理把厚厚的信件摊在新闻部主管的面前，生气地对他说："你这新闻主管怎么搞的？麦克如此有才华，你却只派他播十一点的新闻，而不是播七点半的黄金时段？"

新闻部主管心虚地解释："麦克希望晚上六点下班后有进修的机会，所以不能排上晚间黄金档，只好排他在深夜的时间。"

"让他尽快重回七点半的岗位。我要求他以后要在黄金时段中播报新闻。"

就这样，麦克被新闻部主管"请"回黄金时段。不久之后，被选为全国最受欢迎的电视记者之一。

过了一段时间，电视界掀起了益智节目的热潮，麦克获得十几家广告公司的支持，决定也开一个节目，他找新闻部主管商量。

积着满肚子怨气的新闻部主管，板着脸对麦克说："我不认为你需要做这个。因为我计划让你去做一个新闻评论性的节目。"

虽然麦克知道当时评论性的节目争论多，常常吃力不讨好，收入又低，但他仍欣然接受，并说："好极了！"

自然，麦克会遭遇困难，但他没说什么，还是全力以赴，为新节目奔忙。节目逐渐走上了正轨，也慢慢有了名气，到场嘉宾都是一些知名的重要人物。

总经理看好麦克的新节目，也想多与名人和各行各业的佼佼者接触。有天他叫来新闻部主管,对他说:"以后这档节目的脚本由麦克直接拿来给我看。为了把握时间,交由我来审核好了,有问题也方便跟制作人商量。"

从此,麦克每周都直接与总经理讨论,许多新闻部的改革也有他的建议。他由冷门节目的制作人,渐渐变成了热门人物。他也获得了许多全美著名节目的制作奖。

破罐破摔很容易,越挫越勇才可贵。相信自己的实力,即使经历种种障碍,只要你坚持下去,不放弃不灰心,那么终将获得应有的成就。

能够接受已发生的事实,就是能克服任何不幸的第一步。

假如遇到一些令人不可接受而客观上又不能避免的事实,那么,你该怎么办呢?我们的观点是:不要死缠不放,要立即转换角度,接受不可避免的事实,从而立即做下一件事情。

卡耐基曾经碰到一个在纽约市中心一幢办公大楼里开运货电梯的人,他的左手被齐腕砍断了。卡耐基问他少了那只手会不会觉得难过,他说:"噢,不会,我根本就不会想到它。只有在需要穿针的时候,才会想起这件事。"

如果有必要,我们差不多都能接受任何一种情况,使自己适应,然后就整个忘了它。

在漫长的岁月中,你我一定会碰到一些令人不快的情况,我们可以把它们当作一种不可避免的情况加以接受,并且适应它。哲学家威廉·詹姆斯说过:"要乐于承认事情就是这样的情况。能够接受已发生的事实,就是能克服任何不幸的第一步。"

环境本身并不能使我们快乐或悲伤,我们对周围环境的反应才能决定我们的悲欢。

在必要的时候,我们都能忍受灾难和悲剧,甚至战胜它们。我们自身内在的力量强大得惊人,只要肯加以利用,就能帮助我们克服一切。

诗人惠特曼写道：要像树和动物一样，去面对黑暗、暴风雨、饥饿、愚弄、意外和挫折。

不论在哪一种情况下，只要还有一点能挽救的机会，我们就要奋斗。所以当常识告诉我们，事情已不可避免——也不可能再有任何转机时，请保持我们的理智，不要"大动干戈，无事自忧"。

许多有名的生意人，都能接受那些不可避免的事实而过着无忧无虑的生活。如果不这样的话，他们就会在过大的压力下被压垮。

创设了遍及美国的潘氏连锁商店的潘尼说："哪怕我所有的钱都赔光了，我也不会忧虑，因为我看不出忧虑可以让我得到什么。我尽我所能把工作做好，至于结果就要看老天爷了。"中国也有句古话说："谋事在人，成事在天。"

克莱斯勒公司的总经理凯勒先生谈到他如何避免忧虑的时候说："要是我碰到很棘手的情况，只要想得出办法解决的，我就去做。要是干不成的，我就干脆把它忘了。我从来不为未来担心，因为，没有人能够知道未来会发生什么事情，影响未来的因素太多了，也没有人能说出这些影响从何而来，所以何必为它们担心呢。"

他的想法，正和1900年前，罗马的哲学家爱比克泰德的理论差不多，"快乐之道无他，"爱比克泰德告诉罗马人，"就是不要去忧虑我们的意志力所不能及的事情。"

曾经，莎拉·伯恩哈特是全世界观众最喜爱的一位女演员之一，她在71岁那一年破产了。而她的医生——巴黎的波基教授也将告诉她一个不幸的消息：她因摔伤染上了静脉炎、腿痉挛，医生觉得她的腿必须要锯掉，又不知如何把这个消息告诉这位脾气很坏的莎拉。然而，当他告诉她之后，他简直不敢相信，莎拉沉默地看了他一阵子，然后很平静地说："如果非这样不可的话，那只好这样了。"这就是命运。

当她被推进手术室的时候，她的儿子站在一边哭，她朝他挥了下手，高高兴兴地说："不要走开，我马上就回来。"在去手术室的路上，她一直背诵着她演过的一出戏里的一幕。有人问她这么做是不是为了提起她自己的精神，她说："不是的，是要让医生和护士们高兴，他们承受的压力可大得很呢。"

手术后，莎拉·班哈特还环游世界，她的观众也继续追随了她7年。

当我们不再反抗那些不可避免的事实之后，我们就能节省下精力，创造出一个更丰富的生活。

没有人能有足够的精力，既能抗拒不可避免的事实，又能创造一个新的生活。你只能选择一个，你能在那些不可避免的暴风雨之下弯下身子，或者因抗拒它们而被摧折。

在加拿大，经常可以看到长达好几百英里的常青树林，从来没有人看见一棵柏树或是一株松树被冰或冰雹压垮。这些常青树知道怎么去顺从，怎么弯垂下它们的枝条，怎么适应那些不可避免的情况。

"对必然的事，要轻快地去承受。"这句话虽然是老话，但是对现代人仍有积极的教育意义。

因小失大，这个教训要记住

很多人对自己使用的东西都有一种修补心理。我们在生活中做每件事情，都应该有一个大局的眼光，但是有时候我们常常被眼前的蝇头小利所迷惑，产生了这种极不科学的修补心理。

某家报纸曾经刊登过这样一则新闻：

一位香港的老板来内地投资，机器设备都是从国外进口最好的，生产效率极高。突然有一天这个地方发了洪水，经过奋力抢救使大部分机器脱离了险情，但是还是有一台设备没有抢救出来。洪水退了，为了尽快恢复生产，香港老板就在当地市场上尽快采购了一台机器来承担重任。

这台机器质量还过得去，用了一段时间也没有什么大问题，但是不久它就原形毕露，各种小毛病开始显现出来。今天这个螺丝松了，明天那个零件坏了，总得不断修理，这样常常影响整个生产任务的顺利进行。老板想重新买一台进口的新机器，但是进口机器非常贵，再说这台机器也还能用，所以就这么一天又一天地耗着。但是那个机器还是不争气，总是出毛病，而且损坏的周期越来越短。到年底一算细账，就因为这台机器的各种小毛病，产量较上年度有明显的减少，这些损失加上维修费用等，足可以换一台进口机器了。老板这才下了决心，以低廉的价格把这台机器处理掉，从国外购置回一台新机器。

但凡我们想把一件事情做好的时候，我们都不能有凑合的心理，应该更换的东西一定要更换，该重新购置的东西就重新买，只有这样才能提高整个工作效率。细枝末节上的修修补补，虽然能够满足暂时的需求，但是从完成整个长远的计划的角度来看，这会是非常不明智的做法。

在我们日常生活中有不少这样的例子，为了节省一些眼前看得见的钱，而宁愿去花费大量的时间和精力去修补那些应更新淘汰的东西，用明天的收益去做赌注。同样道理，在做事情和用人上也绝不能有此类的凑合、修补心理，今天这儿出问题，明天那儿有毛病，既影响效率，又影响心情，而且这些薄弱环节总会在关键时刻掉链子，给我们造成最大的损失。当有些损失已经不能避免的时候，换个角度想，及时止损就是最大的节省，如果不知变通，就只会带来更大的损失。

盘活做事的死脑筋

都说白日梦不能实现，但是我们发现生活中的很多白日梦都实现了。为什么会出现这种反差？原因在于说白日梦不能实现的人往往是凭借自己已有的经验，而这些经验很多时候都是错的。与此同时，能做白日梦的人，他们既然敢做梦，就一定有勇气去实践它。我们在嘲笑别人做白日梦的时候，不知道扼杀了多少天才的想法。死板的人往往太脚踏实地，过于注重自己的经验，他们没有持续的想象空间，因此也很难获得大的成功。

我们欣赏能够做白日梦的人，正是因为他们的白日梦，让很多生活的常态和惯性被打破，于是人们有了改变生活的持续行动，于是我们的生活过得越来越美好。我们自己也必须是一个能做白日梦的人，我们不是要让自己变得神神叨叨，而是要有想象的空间。很多时候，我们陷入困境，就是因为我们缺少想象的空间。

其实能做白日梦的人有一种最可贵的品质，那就是不循常规。人类很多伟大的发明都是这一品质的产物。虽然很多时候做白日梦的人不被我们理解，但是这种不循常规的精神确实值得我们学习。要做大事，就要学会有持续的想象空间，要大胆地去想，哪怕被别人嘲笑做白日梦，那又有什么关系呢。

唯一不变的就是"变"

如果你把六只蜜蜂和同样多只苍蝇装进一个玻璃瓶中，然后将瓶子平放，让瓶底朝着窗户，会发生什么情况？

你会看到，蜜蜂不停地想在瓶底上找到出口，一直到它们力竭倒毙或饿死；而苍蝇则会在不到两分钟之内，穿过另一端的瓶颈逃逸一空——事实上，正是由于蜜蜂对光亮的喜爱，蜜蜂才灭亡了。

蜜蜂以为，囚室的出口必然在光线最明亮的地方，它们不停地重复着这种合乎逻辑的行动。对蜜蜂来说，玻璃是一种超自然的神秘之物，它们在自然界中从没遇到过这种不可穿透的大气层，而它们的智力越高，这种奇怪的障碍就越显得无法接受和不可理解。

那些苍蝇则对事物的逻辑毫不留意，全然不顾亮光的吸引，四下乱飞，结果误打误撞地碰上了好运气。苍蝇最终得以发现那个出口，并因此获得自由和新生。

上面所讲的故事并非寓言，而是美国密执安大学教授卡尔·韦克转述的一个绝妙的实验。韦克是一位著名的组织行为学者，他总结道："这件事说明，实验、坚持不懈、试错、冒险、即兴发挥、最佳途径、迂回前进、混乱和随机应变，所有这些都有助于应付变化。"

其实，做任何事情都没有教条，如果你是想把它做好的话。只有拥有随机应变、坚持不懈等素质，我们才能把事情办到位，适应我们所办的事情所存在的环境条件。

比塞尔是西撒哈拉沙漠中的一颗明珠，每年有数以万计的旅游者来到这儿。可是在肯·莱文发现它之前，这里还是一个封闭而落后的地方。这儿的人没有一个走出过大漠，据说不是他们不愿离开这块贫瘠的土地，而是尝试过很多次都没有走出去。

肯·莱文当然不相信这种说法。他用手语向这儿的人问原因，结果每个人的回答都一样：从这儿无论向哪个方向走，最后都还是转回出发的地方。为了证实这种说法，他做了一次试验，从比塞尔村向北走，结果三天半就走了出来。

比塞尔人为什么走不出来呢？肯·莱文非常纳闷，最后他只得雇一个比塞尔人，让他带路，看看到底是为什么。他们带了半个月的水，牵了两峰骆驼，肯·莱文收起指南针等现代设备，只拄一根木棍跟在后面。

十天过去了，他们走了大约八百英里的路程，第十一天的早晨，他们果然又回到了比塞尔。这一次肯·莱文终于明白了，比塞尔人之所以走不出大漠，是因为他们根本就不认识北斗星。

在一望无际的沙漠里，一个人如果凭着感觉往前走，他会走出许多大小不一的圆圈，最后的足迹十有八九是一把卷尺的形状。比塞尔村处在浩瀚的沙漠中间，方圆上千公里没有一点参照物，若不认识北斗星又没有指南针，想走出沙漠，确实是不可能的。

肯·莱文在离开比塞尔时，带了一位叫阿古特尔的青年，就是上次和他合作的人。他告诉这位汉子，只要你白天休息，夜晚朝着北面那颗星走，就能走出沙漠。阿古特尔照着去做，三天之后果然来到了大漠的边缘。阿古特尔因此成为比塞尔的开拓者，他的铜像被竖在小城的中央。铜像的底座上刻着一行字：新生活是从选定方向开始的。

做事情要及时调整成正确的方向，在变化中求不变，把握正确的时机，找准正确的做事方法，而不是凭着感觉走。否则，我们最终将被混乱控制。

尤其现代的事业，速度比规模重要得多。我们的事业面临着很多不可控的因素，会出现很多的新情况，为此我们一定要懂得及时转型。我们要有及时转型、领先半步的态度和行动，只有这样，我们的事业才能永远保持创新和活力。有的人往往不懂得转型，也不懂得领先，他们认为自己只要做好自己的事情就可以了。事实上，凡事都是在变化中的。

卡尔罗·德贝内德蒂是意大利企业家。在他领导奥利维蒂公司时，微型电脑刚刚流行。为了赶上这一新潮流，他成立了一个研究实验室，投入大量人力财力，加紧研制家庭和办公型微型电脑。当研制快要成功时，美国 IBM 公司兼容式微型机抢先一步上市了，并迅速在世界范围内畅销。

在高科技领域，失去先机便意味着失去市场。这对卡尔罗·德贝内德蒂无疑是一个致命的打击。

继续推出公司的新电脑已失去意义，要放弃即将完成的成果是痛苦的，因为这意味着此前付出的巨大研制费都付之东流。要说服那些为此耗尽心血的研究人员也非常困难。

卡尔罗·德贝内德蒂左右为难，但最后还是下了决断：放弃即将完成的研究。同时重新组织力量，在 IBM 电脑的基础上，研制一种性能相似价格却便宜得多的兼容机，并获得成功。

当这款新产品研制成功并推向市场后，大受消费者欢迎。奥利维蒂公司也由此成为一家国际化的知名企业，卡尔罗·德贝内德蒂本人还多次被美国的《时代》杂志等刊物评为封面人物。

在现代竞争中，我们一定要有速度。也许今天我们事业的规模很小，但是正是因为小，所以我们更需要速度。只有很快的速度，才能促使我们超越。

通过速度去抗击竞争对手的规模，最终赢得竞争。即使有一天，我们的规模很大，我们也需要速度，因为没有速度，我们的行动就会变得迟缓，最终我们会失去竞争力。

一个人要想做成大事，就必须有超前思维，看到别人暂时还没有看到的利益。这样你才能赶在别人前面出手，得到更多的收获。

日本的"经营之神"松下幸之助，就是这样一位富有智慧，善于洞察未来的成功人物，每当人们问及他成功的秘诀时，他总是淡淡一笑，说："靠的是比别人稍微走得快了一点。"

20世纪初，松下幸之助确立自己事业的方向，靠的就是在自己智慧基础上形成的强烈的超前意识。严格地讲，松下幸之助能同电器结下不解之缘并没有内在的必然联系，他的祖上经营土地，父亲从事米行，而他进入社会首先是涉足商业，所有这些都与电器制造相隔甚远，况且有关电的行业在当时只是凤毛麟角。

然而，他深信电作为一种新式能源，在给人类带来方便的同时，也会带来更多的欲望。灿烂的电气时代如同电灯一样将会照亮人类生活的每个角落，因此，投身电器制造，也一定会前途灿烂。尽管在创业伊始，他就受到挫折和打击。但是，这种超前意识使他具有了坚强的信念和必胜的信心。正是由于超前意识和顺应变化，才使得"松下电器"从无到有，从小到大。

第二次世界大战结束后，世界又恢复了新的和平。遭受战争创伤的人民，在新的和平环境里又重新燃起对生活和工作的热情。睿智的松下幸之助又"超前"地看到"新文明"将带来世界性的"家电热"。对于"松下电器"而言，既是一次发展壮大难得的机会，也是一次艰巨而又严峻的挑战。松下幸之助正是凭借着"稍微走得快了一点"的超前思维，大刀阔斧地进行机构调整和技术改革，从而使"松下电器"在新的挑战中得到了前所未有的发展。

　　20 世纪 50 年代，松下幸之助在第一次访问美国和西欧时发现：欧美强大的生产主要基于民主的体制和现代的科技，尽管日本在上述方面还相当落后，然而这一趋势将是历史的必然。松下幸之助正是把握住了这一超前趋势，在日本产业界率先进行了民主体制改革。政治上他给予产业充分的自主权，建立了合理的劳资体制和劳资关系；经济上他改革了日本的低工资制，使职工工资超过欧洲，接近美国水平，并建立了必要的职工退休金制度，使员工的物质利益得到充分满足；劳动制度上实现每周五天工作日，这在当时的日本还是第一家。

　　松下幸之助认为：这一改革并非单纯增加一天休息，而是为了进一步促进产品的质量。好的工作成就产生愉快的假日；愉快的假日情绪会导致更出色的工作效率。只有这样，生产才能突飞猛进，效益才能日新月异。

　　由此可见，在一个人成大事的过程中，要想走得比别人稍快一点，更需要具有超前的眼光。

[第 4 章]
制胜之法　做事要懂得巧用方法

　　做事离不开方法，这里的方法指的是攻克难关的一种制胜之法。也就是说，没有方式方法地做事，一定是做到哪儿算哪儿，做到怎样算怎样，全凭自己的运气，失败率自然不低。因此，做事情一定要有一个运筹、谋划和权变的过程，这个过程也就是选择和施加技巧的过程。

就让问题到此为止

美国第 33 任总统杜鲁门上任后，在自己的办公桌上摆了个牌子，上面写着"The buck stops here"，意思是"问题到此为止"，就是让自己负起责任来，不要把问题丢给别人。由此可见，责任在这位总统的心中占据着多么重要的位置。

一个负责任的员工富有开拓和创新精神，他绝不会在没有努力的情况下，就为自己找借口推卸责任。他会想尽一切办法完成公司交给的任务，让"问题到此为止"。条件再困难，他也会创造条件；希望再渺茫，他也能找出许多方法去解决。

曾有一家美国公司在韩国订购了一批价格昂贵的玻璃杯，为此美国公司专门派了一位代表来监督生产。来到韩国以后，他发现，这家玻璃厂的技术水平和生产质量都是世界第一流的，生产的产品几乎完美无瑕，他很满意，就没有刻意去挑剔什么，因为韩方自己的要求比美方还要严格。

一天，他无意当中来到生产车间，发现工人正从生产线上挑出一部分杯子放在旁边。他上去仔细看了一下，没有发现两种杯子有什么差别，就奇怪地问："挑出来的杯子是干什么用的？"

"那是不合格的次品。"工人一边工作一边回答。

"这难道不是质检部门的事吗？"

"是，但我们必须让问题到此为止。"

"可是我并没有发现这些杯子有什么问题啊。"

"您仔细看，这里多了一个小的气泡，这说明杯子在制造的过程中漏进了空气。"

"可是那并不影响使用啊。"

工人很自然地回答："我们既然在工作，就不能将有问题的产品送出去。任何的缺点，哪怕是质检未检查出来，对于我们来说，也是不允许的。"

"那么这些次品一般能卖多少钱？"

"10美分左右吧。"

当天晚上，这位美国公司代表给总部写信汇报道："一个完全合乎我们的检验和使用标准，价值5美元的杯子，在这里却被在无人监督的情况下用几乎苛刻的标准挑选出来，只卖10美分。这样的员工堪称典范，这样的企业又有什么理由可以不信任的。我建议公司马上与该企业签订长期的供销合同，我也没有必要在这里了。"

任何一家想在竞争中取胜的公司都必须设法先使每个员工将自己的工作做到最好，只有这样才能生产出高质量的产品，为顾客提供优质服务。

在大多数情况下，人们会对那些容易解决的事情负责，而把那些有难度的事情推给别人，这种思维常常会导致我们工作上的失败。责任的最佳典范是给加西亚将军送信的安德鲁·罗文中尉，这个被授予勇士勋章的中尉最宝贵的财富不仅是他卓越的军事才能，还有他优秀的个人品质。

那是在多年前，美西战争即将爆发，为了争取战场上的主动，美国总统麦金莱急需一名合适的送信人，把信送给古巴的加西亚将军。军事情报局推荐了安德鲁·罗文。罗文接到这封信之后，没有提出任何完成任务的困难，孤身一人出发了。整个过程是艰难而又危险的，罗文中尉凭借自己的勇敢和忠诚，历经千辛万苦，冲出敌人的包围圈，把信送给了加西亚将军——一个掌握着军事行动决定性力量的人。

罗文中尉最终完成任务，凭借的不仅仅是他的军事才能，还有他在完成任务过程中所表现出的"一定要将问题解决"的责任感。

失败的人之所以陷入失败，是因为他们太善于找出种种借口来原谅自己，糊弄自己的工作。而成功的人，头脑中只有"想尽一切办法，让问题到此为止"的想法。因为在他们心中，解决问题就是他们的责任，这种态度也为他们打开了通往成功的大门。

失败事小，方法是大

日本人把"不倒翁"称为"永远向上的小法师"。每当人们参加竞选获胜了，就把"不倒翁"的下半身涂黑，以示庆贺。"不倒翁"重心在下，无论你如何推它，只要一松手，它马上又会弹起来，因此很招人喜爱。虽然只是一个小小的玩具，但它所揭示的人生哲理却很深刻：永远向上的人，在接受磨难时，保持平和心态，重心向下，无论被推倒多少次，他都能不屈不挠地站起来。

有人问一个孩子，他是怎样学会溜冰的，那孩子回答道："哦，跌倒了爬起来，爬起来再跌倒，就学会了。"

跌倒不算失败，失败只是产生于承认失败之后。不管你跌倒多少次，你的选择是爬起来，你就没有失败。

没有一个人生而刚毅，也没有一个天生具有钢铁般意志的人。普通人所有的犹豫、顾虑、担忧、动摇、失望等等，在一个强者的内心世界里也会出现。二战名将巴顿，号称"血胆将军"，当有人问他在开战前是否感到恐惧时，他说："我常在重要会战，甚至交战中发生恐惧。"但是，他又说，"我绝不向恐惧屈服。"

同样，鲁迅彷徨过，伽利略畏惧过，奥斯特洛夫斯基甚至想到过自杀，但这并不能否定他们是坚强刚毅的人。刚毅的性格和懦弱的性格之间并没有千里鸿沟，刚毅的人并非没有软弱，只是他们能够战胜自己的软弱。只要加强锻炼，从多方面与软弱进行斗争，你也能成为坚强刚毅的人。

只要希望还在，人生就没有真正的失败。

一位钢琴演奏家用了近二十年时间来提高技艺，就在他的技术炉火纯青时，就在他横空出世，即将声名远扬时，一场车祸夺去了他的双手。他将怎样去面对这悲惨的命运？

这位钢琴演奏家无法继续他的钢琴之梦，但他成为了一位著名的演说家。

在打击和磨难面前，仅仅停留于无休止的叹息，怨天尤人，诅咒命运，这样做是最容易的，却是最没有用处的。这样不会帮助你改变现实，只会削弱你跟厄运抗争的意志。现实总归是现实，并不因你的诅咒而有所改变。怨恨和诅咒人人都会，但从怨恨和诅咒中得到好处的人却从来没有。

悲观绝望，自暴自弃，承认自己无能，这是意志薄弱、缺乏勇气的表现，也是自甘堕落、自我毁灭的开始。用悲观自卑来对待挫折，实际上是帮助挫折打击自己，是在既成的失败中，又为自己制造新的失败，在既有的痛苦中，再为自己增添新的痛苦。

我们应该相信，挫折只是命运的附属品，它绝不能决定命运。命运要靠我们自己来选择，来掌握。

有人曾说："对于我们来说，最大的荣幸就是每个人都失败过。而且当我们跌倒时都能爬起来。"

在"跌倒"后，我们"爬起来"的方式，决定我们的人生格局——

有的人拒绝苦恼，对失败的遭遇一笑置之，掸掸身上的尘土继续上路。他尽快忘掉这不愉快的经历，决不让它影响自己的心情。这是一种乐观的态度，他的生活中将充满阳光。

有的人拒绝平庸，在失败降临时，审慎分析失败的原因，然后据此改进自己的行为，再次尝试，力争做得更好。这是一种积极的态度，他的收获将是累累硕果。

真正的勇士把跌倒看成是通往目标途中必然发生的事，而不是一种不幸。

所以，当他跌倒时，他不是躺在地上，埋怨前途茫茫、道路崎岖，或者怀疑有人陷害，更不是因为一次受挫，从此畏缩不前。他选择的是：站起来，重新向目标出发。

不要害怕犯错，人就是在犯错中变得智慧，哈伯德说："一个人所能犯下的最大错误，就是他害怕犯下错误。"

不要害怕失败，人就是在失败中变得强大。丘吉尔说："勇气使危险减半。"

无论顺境逆境，只要你不放弃尝试，你便是在创造成功。假使你暂时没有获得想要的结果，不妨改进你的行为，再试一次，你终将心想事成。

在工作中，我们都曾遇到过这样或那样的困难和问题，此时常常有这样两种人：一种是碰见困难避而远之的人；另一种则是迎难而上，主动去寻求解决方法的人。可以说主动去寻找方法解决问题的人，是职场中的稀有资源，更是经济社会的珍宝。于是，后者成为了成功者，前者沦落为失败者。同样，成功必有方法，失败必有原因。近年来，关于"成功"的书籍数不胜数，形形色色。然而，一个人要真正地取得成功，仅靠立志成功那是不够的，还必须有实际有效的方法才行。

企业里的所有员工都明白：只有遇到任何困难和糟糕处境，都能想尽办法去解决的员工，才是企业和组织真正需要的人才。不管是在古代还是现代，国内还是国外，主动寻求方法解决问题的人都会像金子一样光芒四射。哪怕他没有刻意去追求机会，机会也会主动找上门来。

福特汽车公司是美国创立最早、最大的汽车公司之一。1956年，该公司推出了一款新车。尽管这款汽车式样、功能都很好，价钱也不贵，奇怪的是竟然销路平平，和当初设想的情况完全相反。

公司的管理人员急得就像热锅上的蚂蚁，但绞尽脑汁也找不到让产品畅销的方法。

这时，在福特汽车公司里，有一位刚刚毕业的大学生，对这个问题产生了浓厚的兴趣，他就是艾柯卡。

当时艾柯卡是福特汽车公司的一位见习工程师，本来与汽车的销售毫无关系。但是，公司老总因为这款新车滞销而着急的神情，却深深地印在他的脑海里。

他开始不停地琢磨：我能不能想办法让这款汽车畅销起来呢？终于有一天，他灵光一闪，于是径直来到总经理办公室，向总经理提出了一个自己想出的方法，他提出："我们应该在报上登广告，内容为'花 56 元买一辆 56 型福特'。"

这个创意的具体做法是：谁想买一辆 1956 年生产的福特汽车，只需先付 20% 的货款，余下部分可按每月付 56 美元的办法逐步付清。

他的建议得到了采纳。结果，这一办法十分灵验，"花 56 元买一辆 56 型福特"的广告引起了人们极大的兴趣。

因为这种宣传，不但打消了很多人对车价的顾虑，还给人留下了"每个月才花 56 元就可以买辆车，实在是太合算了"的印象。

奇迹就在这样一句简单的广告词中产生了：短短的 3 个月，该款汽车在费城地区的销售量，从原来的末位一跃成为冠军。

而这位年轻的工程师也很快受到了公司赏识，总部将他调到华盛顿，并委任他为地区经理。

后来，艾柯卡不断地根据公司的发展趋势，推出了一系列富有创意的营销策略，最终脱颖而出，坐上了福特公司总裁的宝座。

从艾柯卡身上我们能够看出：在工作中主动去想办法解决问题的人最容易脱颖而出，也最容易得到公司的认可！

在美国，年轻的铁路邮务生佛尔曾经和许多其他的邮务生一样，用陈旧的方法分发信件，而这样做的结果，往往使许多信件被耽误几天或更长的时间才送达。

佛尔不满意这种现状，想尽办法改善。很快，他发明了一种把信件集合寄递的方法，极大地提高了信件的投递速度。

佛尔升迁了，5年后，他成了邮务局帮办，接着当上了总办，最后升任为美国电话电报公司的总经理。

是的，当谁都认为工作只需要按部就班做下去的时候，偏偏有一些人，会主动去寻找更好更有效的方法，将问题解决得更好。同时也正因为他们善于主动地去寻找方法，所以他们也常常最容易得到认可，最容易获得成功。

一个有办事能力的员工，必然是一个智慧型的员工。处处运用你的智慧，时时运用你的智慧，这样，你才能超越平庸，成为不可或缺的人才。

作为一个企业，里面肯定会有各种各样的员工，他们来自五湖四海，能力、性格等方面也是千差万别，通常我们将员工分成三类：

机械型员工。有一做一，完全按领导的具体指示一步步做事。可以说面对这样的员工，就像面对一个机器人，你要将工作步骤像写程序一样，布置给他，否则他什么也不能完成。

智能型员工。这类员工可以将自己的专业知识、专业技能主动地应用于工作，以此弥补领导在专业方面的不足，同时还可以为领导提供某些专业方面的合理化建议，就像领导的智囊团。

智慧型员工。这样的员工能够系统化地思考问题，将各方面的知识和道理融会贯通起来，用于工作。可以说这样的员工是用头脑工作的员工，而且也是每个企业在发展过程中最需要的员工。

因此，我们提倡做一个智慧型员工，因为只有这样的员工，才能在瞬息万变的职场中经受住市场的洗礼，成为公司发展的顶梁柱、老板的左右手，同时自己也能拥有一个更好的发展前景。

升级打怪，难度决定高度

无论你从事何种工作，担任什么样的职务，只要有可能，请想方设法多承担一些责任，不断提高工作标准，主动请缨解决工作中的疑难问题。如此一来，短期内你或许不会收到什么好的效果，但你若就此养成一种良好的习惯，用不了太长时间，你的个人价值便会在公司不断攀升，你加在自己工作上的难度，无疑决定了你工作的高度——一个能主动要求承担更多责任或有能力承担责任的人，任何老板都需要。同时，这样的人也从来不愁没有发展和壮大自己的机会。

莎伦·莱希曾是三联公司的经理助理，那是位于伊利诺伊州斯科基市的一家地产公司。她系统地承担起了帮助经理开展工作的职责，而那样做意味着她的工作职责扩展到了包括一个办公室经理的责任。现在，她已经是这家公司的副总裁了。

莱希自己介绍说："当经理不在时，我就担负起了运营的全部职责。这个工作对我来说难度很大，但我想知道自己行不行。"

三联公司的老板莫什·梅诺拉对莎伦·莱希欣赏不已，他说："如果她不自己做给我看，我不会知道她在这方面的能力。任何老板都在寻找这样的人，她能自动承担起责任和自愿帮助别人，即使没有告诉她要对某事负责或者对别人提供帮助。"

艾思普力特公司的员工米莉·罗德里格斯，是另一个类似的例子。

米莉刚开始是艾思普力特公司的一名普通职员，工作不久，为了改良工作方法，她主动提出：从海外货物储备到预付款的运输项目，所有的服务和市场营销领域都应当运用后勤学原理。为了落实这一想法，她担负的责任不断增加，也使得自己在老板心目中的地位更加重要。

不久，她便成为旧金山分公司的运输主管。

对此，她的老板说："她为公司提出的建议不算新鲜，但完成起来很难，她很主动，而且完成了，她自然不会再是一名普通的职员。"

如果能主动积极地扩展自己的职责，增加自己的工作难度，提升自己的工作标准，你不仅可以得到更多的回报，而且，在这个过程中还可以学到更多的东西，从而有助于你更得心应手地把昔日的优势转变为未来的机会。

1997年8月，海尔为了发展整体卫浴设施的生产，33岁的魏小娥被派往日本，学习掌握世界上最先进的整体卫浴生产技术。在学习期间，魏小娥注意到，日本人在试模期废品率一般都在30%～60%，设备调试正常后，废品率为2%。

"为什么不把合格率提高到100%？"魏小娥问日本的技术人员。"100%？你觉得可能吗？"日本人反问。从对话中，魏小娥意识到，不是日本人能力不行，而是思想上的桎梏使他们停滞于2%。作为一个海尔人，魏小娥的标准是100%，即"要么不干，要干就要争第一"。她拼命地利用每一分每一秒的学习时间，三周后，带着先进的技术知识和赶超日本人的信念回到了海尔。

时隔半年，日本模具专家宫川先生来华访问见到了"徒弟"魏小娥，她此时已是卫浴分厂的厂长。面对着一尘不染的生产现场、操作熟练的员工和100%合格的产品，他惊呆了，反过来向徒弟请教问题。

"有几个问题我曾绞尽脑汁地想办法解决，但最终都没有成功。日本卫浴产品的生产现场脏乱不堪,我们一直想做得更好一些,但难度太大了,你们是怎样做到现场清洁的? 100%的合格率是我们连想都不敢想的,对我们来说,2%的废品率,5%的不良品率天经地义,你们又是怎样提高产品合格率的呢?"

"用心。"魏小娥简单的回答又让宫川先生大吃一惊。用心,看似简单,其实不简单。

一天,下班回家已经很晚了,吃着饭的魏小娥仍然在想着怎样解决"毛边"的问题。突然,她眼睛一亮:女儿正在用卷笔刀削铅笔,铅笔的粉末都落在一个小盒内。魏小娥豁然开朗,顾不上吃饭,在灯下画起了图纸。第二天,一个专门收集毛边的"废料盒"诞生了,压出板材后清理下来的毛边直接落入盒内,避免了落在工作现场或原料上,也就有效地解决了板材的黑点问题。

魏小娥紧绷的质量之弦并未因此而放松。试模前的一天,魏小娥在原料中发现了一根头发。这无疑是操作工在工作时无意间落入的。一根头发丝就是废品的定时炸弹,万一混进原料中就会出现废品。魏小娥马上给操作工统一定制了白衣、白帽,并要求大家统一剪短发。又一个可能出现2%废品的原因被消灭在萌芽之中。

2%的责任得到了100%的落实,2%的可能被一一杜绝。终于,100%,这个被日本人认为是"不可能"的产品合格率,魏小娥做到了,不管是在试模期间,还是设备调试正常后。

后来,海尔在全集团范围内掀起了向魏小娥学习的活动,学习她"认真解决每一个问题的精神"。

人之所以失败,并非因为没有理由向困难挑战,而是因为有太多理由让自己在困难面前退缩。他们认为加大工作的难度,提高工作标准,显然是为自己制造麻烦,因此在工作上不求有功,但求无过,使自己的人生在工作中彻底坠入平庸。

　　事实上，在竞争如此激烈的现代社会，对很多面向多元发展的公司而言，员工不求有功便是有过，长此以往，难免会在某天清晨起来发现自己已被竞争者淘汰。

快去想你的目标

喜爱中国古典文化的人都应该听过这样一个故事：一位行者在旅途中口渴了，便到一座庭院讨水喝，庭院中的一位老者问道："您从哪里来？"行者说："我从来处来。"老者又问："您到哪里去？"行者回答说："我到去处去。"这样的回答，简单而又睿智。

在人生的旅途中，你是不是也应该经常问问自己："你到哪里去？"回答是肯定的。因为，做事必须要有个目标。

20世纪30年代，美国陷入了严重的经济危机之中，希尔顿连同他的饭店一起陷入了困境：营业额持续下降，入不敷出，债主不断催债。有一天，希尔顿偶然看到了沃尔多夫饭店的照片：6个厨房、200名厨师、500名服务生、2000间客房，还有附属私人医院与位于地下室旁边的私人铁路。他将这张照片剪了下来，并在上面写下了"世界之最"四个字。之后，希尔顿走到哪里就把这张照片带到哪里。最先，照片放在皮夹子里，当他再度有了办公桌后，又把它放到了玻璃板的下面。18年后，也就是1949年10月，希尔顿买下了沃尔多夫饭店。

拥有并成为"世界之最"，是希尔顿能够走出困境，迈向成功的指路灯。

一个小孩子喜欢跟自己的爸爸比谁跑得更快，结果小孩每次都输掉了。

有一天，雪过天晴，父子俩又一次来到野外。小孩又向爸爸提出了比试的请求，但爸爸改变了主意，对他说："孩子，今天咱们不比谁跑得快，比谁走得直。看见前面那棵树了吧，我们都走到那里，谁的脚印直，就算谁赢。"孩子很高兴地答应了，他心里想："比谁跑得快，我肯定赢不了，没听说过哪个小孩能比大人跑得更快。但要比走得直，只要我专心致志，我一定能赢。"

爸爸很快就走到了那棵树下，而这个孩子却走得很慢很耐心。当他终于走到树下的时候，他的脸上泛着红光，因为他坚信他终于赢了。

可当他迫不及待地转过身来的时候，失望笼罩了他的脸：他走出的脚印弯弯曲曲，而爸爸的却像一条直线。

望着孩子充满不解的脸，爸爸对他说："孩子，知道你为什么走不直吗？是因为你一直盯着脚下，而我一直盯着远处的树。"

孩子若有所思地跑回原处，盯着大树又走了一遍，他的脚印也成了一条笔直的线。

这就是目标的作用。有了目标，你奋斗的历程就是一条直线，没有了它，你就会走弯路。人生苦短，走弯路就等于浪费时间，蹉跎岁月，就要付出代价。在拥挤的人群中，一步落下，十步都赶不上，这是做人的常识。

实际上，这个小孩也有自己的目标：尽量走直。他比不过爸爸是因为他的目标不合理。拿破仑·希尔说："许多人埋头苦干，不知所为何来，到头来发现追求成功的阶梯搭错了边，却为时已晚。"

可见，不合理的目标不可能指引出一条合理的路来。要制定出合理的人生目标，你就需要坚持科学的原则。

如何制定合理的做事目标？

第一，目标不要过大或过小。不是什么东西都是越大越好的，物极必反，目标过大，看起来做起来都是那么遥不可及，你就会丧失前进的动力和信心。反过来，目标太小，太容易达到，很难激发你的潜能。合适的目标就像是树上的苹果，你只有跳起来，才刚好能摘到。

第二，目标要明确具体。模糊的目标很难激发出持续耐久的行动力，而且由于太过笼统，你很难找到实现目标的合理方式。故事中的小孩子就是这样。

第三，要有达成目标的明确期限。人无压力轻飘飘，没有明确的实现期限，很多机会就会在你不紧不慢的行动中悄悄流失，可能你的目标一辈子都实现不了。

要瞄准目标去做事，只有这样才能使你集中精力。千万不要陷入到琐碎的日常事务中去，成为琐事的奴隶。

没有目标的人生不可能成功，就如没有空气人不能存活一样。没有明确的目标，或是目标不专一的人，他再勤劳也是徒劳，就像一艘没有舵的船，永远漂泊不定，只会到达失望、失败和丧气的海滩。

刘备少年时就确立了"上报国家，下安黎庶"的远大志向，深得人心，身边又有关羽、张飞、赵云等忠诚骁勇的大将，照理说应该是所向无敌了。然而，恰恰相反，他在奋斗的前期却屡遭败绩，一次又一次地丢失地盘，处处被动，只得辗转投奔他人，困守小小的新野县。原因在哪里？最根本的原因就在于他胸怀大志，却一直缺乏正确的战略方针。直到他三顾茅庐，诸葛亮才为他把天下大势分析得明明白白，替他设计了最佳的发展道路："将军欲成霸业，北让曹操占天时，南让孙权占地利，将军可占人和。先取荆州为家，后即取益州建基业，以成鼎足之势，然后可图中原也。"

这位年仅27岁的青年，对天下大势和刘备集团自身的条件真是了如指掌。正是由于有了诸葛亮制定的正确战略，刘备集团才扭转了颓势，取荆州，夺益州，攻汉中，取得了节节胜利，与曹操、孙权鼎足而立。后来，由于关羽违背了隆中决策中"外结孙权"的方针，刘备陷入曹操、孙权的两面夹攻，痛失荆州，使诸葛亮两路北伐的战略构想无法实现。刘备不听劝告，强行伐吴，又遭惨败，进一步削弱了刘备集团的实力。尽管诸葛亮修复了蜀、吴关系，平定了南方，发展了经济，但刘备集团终究国小力弱，再也不可能实现"隆中对"提出的最终目标了。

我们再来看一个有趣的哲理故事：

话说唐太宗贞观年间，在长安城内的一个磨坊里，有一匹马和一头驴。它们是好朋友，马在外面拉东西，驴在屋里推磨。后来，这匹马被玄奘大师选中，出发经西域前往印度取经。

17年后，这匹马驮着佛经回到长安，它重回磨坊会见它的驴子朋友。老马谈起这次旅途的经历：浩瀚无垠的沙漠、高耸入云的山岭、莽莽苍苍的森林、神奇的国度……那些神话般的境界让驴听了大为惊异。驴子惊叹道："你有这么丰富的见闻呀！那么遥远的道路，我连想都不敢想。"

"其实，"老马说，"我们跨过的距离是大体相等的，当我向西域前进的时候，你一步也没停止，不同的是我与玄奘大师有一个遥远的目标，按照始终如一的方向前进，所以我们打开了一个广阔的世界。而你被蒙住了眼睛，一生就围着磨盘打转，所以永远也走不出这个狭隘的天地。"

那头驴子也很辛苦，但它的汗水都洒在一个小小的圆圈里了，它一辈子也没有看到外面美丽的风景。

有了目标还不够，你要马上行动起来，不能拖，否则热乎劲儿一过，可能就难以持之以恒了。

为了成功你要大声说出你的目标，可以天天对自己说，也可以让别人知道并监督自己。

当你说出你的目标时，这些好处几乎会自动地到来：

第一个巨大的好处是，你的潜意识开始遵循一条普遍的规律，并进行工作。这条普遍的规律就是：人能设想和相信什么，人就能用积极的心态去完成什么。如果你预想出你的目的地，你的潜意识就会受到这种自我暗示的影响，它就会进行工作，帮助你到达那儿。

第二个好处是，如果你知道你需要什么，你就会有一种倾向：你因受到激励而愿付出代价。你就能够预算好时间和金钱了。

第三个好处是，你的工作变得有乐趣了。你愿意研究，思考和设计你的目标。你对你的目标思考得愈多，你就会愈发热情，你的愿望也就变成热情的愿望。

第四个好处是，你对一些机会变得敏锐了。这些机会将帮助你达到目标。你知道你想要什么，你就很容易察觉到这些机会。

总之，要瞄准目标去做事，只有这样才能使你集中精力。千万不要陷入到琐碎的日常事务中去，成为琐事的奴隶。

笨鸟先飞早入林

无论时代怎样变迁，都不要忘了勤奋，勤奋是你最大的资本。

事实上，在一个公司里，并非具有杰出才能的人就容易得到提升，而是那些勤奋刻苦，并有良好技能的人才有更多的机会。

俗话说，一勤天下无难事。勤奋刻苦是一所高贵的学校，所有想有所成就的人都必须进入其中，在那里可以学到有用的知识，独立的精神，坚忍不拔的习惯也会得到培养。其实，勤劳本身就是财富，如果你是一个勤劳、肯干、刻苦的员工，你就能像蜜蜂一样，采的花越多，酿的蜜也越多，你享受到的甜美也越多。

曾有人问李嘉诚成功的秘诀，李嘉诚讲了一则故事：

日本"推销之神"原一平69岁时在一次演讲会上，当有人问他推销的秘诀时，他当场脱掉鞋袜，将提问者请上讲台，说："请你摸摸我的脚板。"

提问者摸了摸，十分惊讶地说："您脚底的老茧好厚呀！"

原一平说："因为我走的路比别人多，跑得比别人勤。"

提问者略一沉思，顿然醒悟。

李嘉诚讲完故事后，微笑着说："我没有资格让你来摸我的脚板，但可以告诉你，我脚底的老茧也很厚。"

人生中任何一种成功的获取，都始之于勤并且成之于勤。勤奋是成功的根本，既是基础，也是秘诀。一个人要取得成功，唯一的捷径就是踏踏实实，摆脱浮躁的情绪，认真对待自己的工作。

命运掌握在勤勤恳恳工作的人的手上，所谓的成功正是这些人的智慧和勤劳的结果。即使你的智力比别人稍微差一些，你的实干也会在日积月累中弥补这个弱势。

在工作中，许多人都会有很好的想法，但只有那些在艰苦探索的过程中付出辛勤劳动的人，才有可能取得令人瞩目的成绩。同样，公司的正常运转需要每一位员工付出努力，勤奋刻苦在这个时候显得尤其重要，而你勤奋的态度会为你的发展铺平道路。

绝大多数初入职场的年轻人，不管在哪个领域，从事什么样的工作，都会经历一段或长或短的"蘑菇"期。在那段时间里，年轻人就像蘑菇一样被置于阴暗的角落（在不受重视的部门，做着打杂跑腿的工作），时常会感到不公（无端的批评、指责、代人受过），处于自生自灭的状态（得不到必要的指导和提携）。无论多么优秀的人才，在工作初期都有可能被派去做一些烦琐的事情。在这种情况下，勤奋便显得尤为重要。

成功青睐那些勤奋的人，不管你正处于"蘑菇"时期，还是你做的工作很单调很琐碎，你都应该认真做好每件事情，加速自己的成长。如果你是有志于自己事业的人，那么每天都应该问一问自己："我勤奋了吗？"

勤奋敬业的精神是走向成功最为坚实的基础，与之相反，懒惰则是成功的天敌。无法想象一个总是投机取巧的人能够获得怎样的成功，一个整日偷懒的人如何熬到出头之日！

年轻的约翰·沃纳梅克每天都要徒步 4 公里到费城，在那里的一家书店里打工，每周的报酬是 1 美元 25 美分，但他勤奋刻苦的精神让人感动。后来，他又转到一家制衣店工作，每周多加了 25 美分的工资。从这样的一个起点开始，他勤奋刻苦地工作，不断地向上攀登，最终成为了美国最有名的商人之一。

1889 年，他被哈里森总统任命为邮政部长。

幸福需要勤奋去孕育，成功需要刻苦地工作。即使你天资一般，只要勤奋工作，就能弥补自身的缺陷，最终成为一名成功者。

据说，古罗马人有两座圣殿：一座是勤奋的圣殿，另一座是荣誉的圣殿。他们在安排位置时有一个秩序，就是人们必须经过前者，才能到达后者。其寓意是，勤奋是通往荣誉的必经之路，那些试图绕过勤奋寻找荣誉的人，势必会被挡在荣誉的大门之外。

勤奋是检验成功的试金石。如果你对自己未来的工作充满梦想，如果你想让你的工作使自己一生富有，请勤奋工作，从现在开始。

第 5 章

有头有尾　用结果检验做事的质量

很多人在做事出问题后，第一个拿出来的理由通常是：因为不清楚，所以才没有做好。听起来顺理成章，但其实在这个理由的背后隐藏着一个非常简单的问题：你想要有个什么样的结果？做事要有结果，不管是阶段性的还是最终结果，否则你就将碌碌无为。

你为什么会失职

人们常有一些小的缺点，由于不知道该如何克服，最后成为了致命的因素。就像蝴蝶效应一样，蝴蝶在遥远的地方扇一下翅膀，通过一系列的连锁反应，最后形成了一场飓风。有的人往往不屑于小缺点，认为无足轻重。事实上，如果我们真的不在乎这些小缺点，任其滋长，最后一定会成为自己的心腹大患。

老虎自恃是森林之王，整天专吃野鸡野兔及一些小动物。

有一天，老虎在觅食时遇到了一只牛虻。"不要在我眼皮底下打扰我觅食，否则我就吃了你。"老虎生气地吼道。

"嘻嘻，只要你够得着就来吃呀。"牛虻嘲笑老虎，并且趴在老虎鼻子上吸血。老虎用爪子抓，牛虻又飞到虎背上，钻进虎皮中吸血。老虎恼怒地用钢鞭一样的尾巴驱赶牛虻，牛虻却越钻越深，老虎躺在地上打滚妄图压死牛虻。牛虻立刻飞走了，不一会儿就引来了一大群牛虻，群起而攻之。没过多久，老虎便奄奄一息了。

脾气暴躁、不可一世是老虎的小缺点，因为这个缺点，最后老虎死在了牛虻的手上。反观我们自己，其实何尝不是跟老虎一样？有的人由于小时候养成了随意说话的习惯，长大后心直口快，结果因此得罪了很多人，断送了自己的前程。其实任何一个心直口快的人都知道自己这样做不对，但是他控制不住自己。心直口快就是他的一个小缺点，最后成为了他的致命因素。

　　我们要注意我们身上的小缺点，不要让这些缺点影响我们的人缘和未来。尽管很多时候我们没有办法消除这些小缺点，但是我们要极力克制。当因为一个缺点而让自己感到痛快的时候，并不是一件可喜的事情，缺点会因此而滋长。就好像偶尔得到别人的一次夸奖，然后在心里反复地进行自我表扬，最后的结果必然会让自己虚骄和傲慢。这种缺点是应该克制的。

　　某杂志刊载了这样一个故事：

　　有一位老商人，他在一个小市镇里做了几年的地产生意，到后来竟完全失败了。当债主跑来讨债时，他正在紧皱眉，思索他失败的原因。

　　"我为什么会失败呢？"他说，"我对主顾不是很客气吗？"

　　"你完全可以再从头干一下，"债主说，"你看你不是还有不少财产吗？"

　　"什么？从头开始？"

　　"是啊！你应该开出一张资产负债表来，好好地清算一下，然后从头做起。"

　　"你的意思是说我得把所有的资产和负债都详细清算一番，写成一张表格吗？我得把我的门面、地板、桌椅、茶几、书架都重新洗刷油漆一番，弄成新开张的样子吗？"

　　"是啊！"

　　"这些事我早在 15 年前就想动手去做了，但后来因为我沉溺在观看拳击竞赛中，至今还不曾动手。现在我知道我几年来失败到如此地步的原因了！"

　　尤其是在大都市里做生意，更要把一切事情、一切物品都弄得有条有理。美国信托行业公会的会长说："根据我几年来和一些大公司商号交往所得的经验，如果他们的老板随时都能获得有关公司营业的报告，能对整个公司的情形了如指掌，就一定不会失败。"

　　无论你是在大都市里或城镇里经营生意，你都应该把物资管理得清洁整齐，把账目记得清清楚楚——这是最重要的一件事。那些把什么事物都弄得乱七八糟的人，终有一天要跌倒的。

有不少商家，往往把货物堆积得七倒八歪，没有良好的管理。偶尔来个主顾要买某件物品时，店员就要翻来覆去地耽误半天工夫才能找到。

有许多青年也是一样，他们生来有一种古怪脾气，任何事情都只随随便便搪塞一下了事，从不想到应该怎样才能做得更好。他们脱下衣裳解下领带就随手东丢西抛。当他们不得不放下手中的事情跑开一趟时，就不管事情已经做到哪里，立刻顺手抛开，等着回来后继续。这种青年一旦踏入社会，干起事业来，一定把自己的四周弄成一团糟，对于任何事也一定抱着"搪塞主义"。

有些人常常对自己的失败想不出所以然来。其实他面前的那张写字台已经把其中的缘故老老实实地告诉他了：台面上东一堆乱纸，西一堆信札；抽屉里好像塞满了棉花一般；书架上报纸、文件、信纸、原稿、便条都杂七杂八地塞得水泄不通。我们身边的一切用具和陈设都是揭发我们习气最忠实的证人。我们的行动、谈吐、态度、举止、眼睛、衣服、装饰等也都在老实而毫不客气地告发我们是一个怎样的人。它们把你自己也莫名其妙的失败原因一五一十地说了出来，把你自己也不知其所以然的穷困理由，也原原本本地告诉了你。

老板让你给客户打个电话，你打了，可是对方没有人接听。你说自己完成任务了，可是这样做会有任何结果吗？

你可以看看希尔顿酒店的服务生是如何做的：

有一次，一位出差的经理前来投宿，服务生检查了一下电脑，发现所有的房间都已经订出，于是礼貌地说："很抱歉，先生，我们的房间已经全部订出，但是我们附近还有几家档次不错的饭店，要不要我帮您联系看看？"

然后，就有服务生过来引领该经理到一边的雅座去喝杯咖啡，一会儿外出的服务生过来说："我们后面的大酒店里还有几个空房，档次跟我们是一样的，价格上还便宜30美元，服务也不错，您要不要现在去看看？"

那位经理高兴地说："当然可以，谢谢！"之后，服务生又帮忙把经理的行李搬到后面的酒店里。

这就是希尔顿酒店的服务，这些服务生的行为早就超出了自己的职责范围，但是，结果是让顾客感到了满意和惊喜。他们使客户感受到了前所未有的尊重和理解，所以客户下次依然愿意选择它。

重要的不是你是否完成了任务，重要的是你的行为产生的结果。如果说酒店已经客满，服务生很有礼貌地说："对不起先生，我们这里已经没有空房间了。"那么这位服务生当然也完成了酒店交给他的任务，但是他的行为不会产生任何有益的结果。

如果你不想一直做一名普通的员工，那么你就要努力思考怎样才可以给企业带来更大的收益，而不仅仅是完成自己的任务。

杰克接到了一个新任务，上级说这个项目由于存在很多问题无法进行下去了，希望杰克接手以后能有一个新的突破。杰克接手以后，认真分析了项目小组失败的原因，找到了曾参与过这个项目的人员来进行交流，并找到一些问题的症结。此外，他还派人和客户好好沟通了一下，希望在时间上能得到客户的让步。准备工作做得差不多了，他心里已经对于这次项目的成功与否有了几分把握。

工作很快地分配到他手下的各个大将手中，他们每一个人各自负责一个模块的设计和编程，杰克要求他们必须拿出结果，不能因为任何借口而耽误项目的进度。

为了保证项目的顺利进行，杰克还经常去上一个项目组诚心请教里面几位经验丰富的高手，对于他们的意见和建议都虚心地接受。正是由于他的努力和正确的领导，这个大家都不看好的项目，竟然起死回生，得到了客户的满意验收。由于这个项目的圆满完成，又为该公司赢得了很多项目合作的机会。上级对杰克的项目报告十分满意，当报告上交的时候，项目也顺利地通过了验收。

行为的最终价值是实现结果，没有结果的行为是毫无意义的。即便是完成任务了又怎样？在处处讲求实际，讲求成果的今天，无论你的过程如何精彩，如果没有结果，都是徒劳。

一家人力资源部主管正在对应聘者进行面试。除了专业知识方面的问题之外，还有一道在很多应聘者看来似乎是小孩子都能回答的问题。不过正是由于这个问题将很多人拒之于公司的大门之外。题目是这样的：

很多天没有下雨了，山上的树需要浇水。你的能力可以让你轻松自如地担一担水上山，而且你还会有时间回家睡一觉。你会怎么做，为什么？

几乎所有的人都说会挑一担水上山，然后把剩下的时间花在别的工作上。

只有一个小伙子回答他会再担一担水。他的理由是，既然我可以轻松自如地担一担水，那么应该有能力担第二担水。虽然担两担水会很辛苦，但让树苗多喝一些水，它们就会长得很好。这是我能做到的，既然能做到的事为什么不去做呢？"

最后，这个小伙子被留了下来，而其他的人，没有通过这次面试。

其余的人都没有想到，只有一担水根本不够，这会让树苗很缺水。那么，当树苗旱死的时候，你挑的这一担水没有任何价值。并不是只要努力就会有结果的，完成了任务也并不是就有了结果。

对企业来说，生存靠的正是结果。那些一直立于不败之地的知名企业，正是结果满足了需求，进一步促进结果，这样的良性循环才使企业越来越强大。

在做事情的时候，如果你能真的站在自己企业的角度去考虑，就不会仅仅满足于自己完成任务。你会对自己的任务负责，更会自觉承担起更大的责任，把为企业创造更多效益当作自己应尽的责任。

记住，你不是想要圆满地完成任务，而是一定要成功地创造结果。

自己做的事，自己来负责

在我们日常生活中，常听到这样一些借口：上班晚了，会有"路上堵车""闹钟不准时"的借口；做生意赔了本有借口；工作、学习落后了也有借口……只要用心去找，借口总是有的。久而久之，就会形成这样一种局面：每个人都努力寻找借口来掩盖自己的过失，推卸自己本应承担的责任。

我们经常听到的借口主要有以下几种类型：

"他们做决定时根本不理我说的话，所以这个不应当是我的责任。"（不愿承担责任）

"这几个星期我很忙，我尽快做。"（拖延）

"我们以前从没那么做过，这不是我们这里的做事方式。"（缺乏创新精神）

"我从没受过适当的培训来干这项工作。"（不称职，缺少责任感）

"我们从没想赶上竞争对手，在许多方面他们都超出我们一大截。"（悲观态度）

不愿承担责任，拖延，缺乏创新精神，不称职，缺少责任感，悲观态度，看看吧，那些看似冠冕堂皇的借口背后隐藏着多么可怕的东西啊！

事情往往是这样：出现问题不是积极、主动地加以解决，而是千方百计地寻找借口，致使工作无绩效，业务荒废。借口就变成了一面挡箭牌，事情一旦办砸了，就能找出一些冠冕堂皇的借口，以换得他人的理解和原谅。找到借口的好处是能把自己的过失掩盖掉，心理上得到暂时的平衡。但长此以往，因为有各种各样的借口可找，人就会疏于努力，不再想方设法争取成功，而把大量时间和精力放在如何寻找一个合适的借口上。任何借口都是推卸责任，在责任和借口之间，选择责任还是选择借口，体现了一个人的生活和工作态度，消极的事物总是拖积极事物的后腿。

时间是一个漆黑、凉爽的夜晚，地点是墨西哥市，坦桑尼亚的奥运马拉松选手艾克瓦里吃力地跑进了奥运体育场，他是最后一名抵达终点的选手。

这场比赛的优胜者早就领了奖杯，庆祝胜利的典礼也早已经结束，因此艾克瓦里一个人孤零零地抵达体育场时，整个体育场已经几乎空无一人。艾克瓦里的双腿沾满血污，绑着绷带，他努力地绕完体育场一圈，跑到了终点。在体育场的一个角落，享誉国际的纪录片制作人格林斯潘远远看着这一切。接着，在好奇心的驱使下，格林斯潘走了过去，问艾克瓦里，为什么要这么吃力地跑至终点。这位来自坦桑尼亚的年轻人轻声地回答说："我的国家从两万多公里之外送我来这里，不是叫我在这场比赛中起跑的，而是派我来完成这场比赛的。"

没有任何借口，没有任何抱怨，职责就是他一切行动的准则。

舍不得，不一定有好结果

古代有一位受戒苦行的修道者，准备离开他所住的村庄，到无人居住的山中去隐居修行，他只带了一块布当作衣服，就一个人到山中居住了。

后来他想到当他要洗衣服的时候，需要另外一块布来替换，于是他就下山到村庄中，向村民们乞讨一块布当作衣服，村民们都知道他是虔诚的修道者，于是毫不犹豫地就给了他一块布，当作换洗用的衣服。

这位修道者回到山中之后，他发觉在他居住的茅屋里面有一只老鼠，常常会在他专心打坐的时候来咬他那件准备换洗的衣服。他早就发誓一生遵守不杀生的戒律，因此他不愿意去伤害那只老鼠，但是他又没有办法赶走那只老鼠，所以他回到村庄中，向村民要一只猫来饲养。

得到了一只猫之后，他想到了——"猫要吃什么呢？我并不想让猫去吃老鼠，但总不能跟我一样只吃一些水果与野菜吧！"于是他又向村民要了一头乳牛，这样子那只猫就可以靠牛奶维生。

但是，在山中居住了一段时间以后，他觉得每天都要花很多的时间来照顾那头母牛，于是他又回到村庄中，他找到了一个可怜的流浪汉，于是就带着这无家可归的流浪汉在山中居住，帮他照顾乳牛。

那个流浪汉在山中居住了一段时间之后，跟修道者抱怨说："我跟你不一样，我需要一位太太，我要正常的家庭生活。"

修道者想一想也有道理，他不能强迫别人一定要跟他一样，过着禁欲苦行的生活……

这个故事就这样继续演变下去，你可能也猜到了，到了后来，也许是半年以后，整个村庄都搬到山上去了。

欲望就像是一条锁链，一个牵着两个，永远都不能满足。

《百喻经》里有一个故事：从前有一只猕猴，手里抓了一把豆子，高高兴兴地在路上一蹦一跳地走着。一不留神，手中的豆子滚落了一颗在地上，为了这颗掉落的豆子，猕猴马上将手中其余的豆子全部放在路旁，趴在地上，转来转去，东寻西找，却始终不见那一颗豆子的踪影。

最后猕猴只好用手拍拍身上的灰土，回头准备去取原先放在一旁的豆子，怎知那颗掉落的豆子还没找到，原先的那一把豆子，却被路旁的鸡鸭吃得一颗也不剩了。

年轻时，对于某些事物的追求，如果缺乏智能判断，只是一味地投入，不也像故事中的猕猴，只是顾及掉落的一颗豆子，等到后来，终将发现所损失的，竟是所有的豆子！想想，我们现在追求的，是否也是放弃了手中的一切，仅追求掉落的一颗。

在印度的热带丛林里，人们用一种奇特的狩猎方法捕捉猴子：在一个固定的小木盒里面，装上猴子爱吃的坚果，盒子上开一个小口，刚好够猴子的前爪伸进去，猴子一旦抓住坚果，爪子就抽不出来。人们常常用这种方法捉到猴子，因为猴子有一种习性，不肯放下已经到手的东西，人们总会嘲笑猴子的愚蠢：为什么不松开爪子放下坚果逃命？但审视一下我们自己，也许就会发现，并不是只有猴子才会犯这样的错误。

因为放不下到手的职务、待遇，有些人整天东奔西跑，耽误了更远大的前途；因为放不下诱人的钱财，有人费尽心思，利用各种机会去大捞一把，结果常常作茧自缚；因为放不下对权力的占有欲，有些人热衷于溜须拍马，行贿受贿，不惜丢掉人格的尊严，一旦事情败露，后悔莫及……

　　让我们从猴子的悲剧中吸取一个教训，牢牢记住：该松手时就松手。

必须达成最初的目标

"一个奋斗者不需要退路，他必须排除万难去争取胜利。"这是德国财经作家、百万富翁博多·费舍尔的一句名言，也是从无数成功者的事迹中总结出来的一个经验。

在生理学上，有一种自然现象叫"应激反应"，是说当个体经认知评价而想到某事物对自己有威胁后，会引起生理和心理的变化。以前国外曾报道过一则新闻：一位老太太为了救自己的儿子，居然用双手托住了一辆正在下坠的小车，而在平时，她甚至连一个小车轮胎也托不起来。这是应激反应让个体激发潜能的一个典型事例。

很多成功人士将这种"应激反应"运用到事业中，他们的方法是：不给自己留退路。在危难之时掐断退路，就极有可能逼出自己乃至整个团队的最大潜能，创造一个奇迹。

詹姆斯出生在一个贫穷的家庭，年轻时做过各种既辛苦又不赚钱的工作。后来，他说服新婚妻子，卖掉家里的房子，凑足3000美元，开了一家机电工程行。几年后，他的公司迅速壮大，年营业额超过一百万美元。

詹姆斯不满足于现有成就，他决定让自己的公司上市，向社会筹集资金。当时申请成立股份公司很容易，难的是在华尔街找到一家有实力的股票承销商，这些家伙比较挑剔，对小公司可不感兴趣。有人劝詹姆斯，趁早打消成立股份公司的念头，免得到时候成为笑柄。

詹姆斯没有被将来的困难吓倒。既然他决定让自己的公司上市，他就一定要让自己的公司上市。

当詹姆斯办妥成立股份公司的一切法律手续后，却找不到一家证券商愿意承销他的股票，他顿时陷入进退两难的境地。

詹姆斯不是一个轻易认输的人，他决心破釜沉舟，跟华尔街的传统观念搏一把。他想：难道我非得依赖那些讨厌的证券商吗？他们不肯帮我发行股票，我就不能自己发行吗？他说干就干，召集朋友，到处散发印有招股说明书的传单。

在华尔街的历史上，撇开承销商而自行发行股票，是破天荒的第一次，行家们都断言詹姆斯必然以笑话收场。就詹姆斯本人来说，他是骑在虎背上，不得不硬着头皮干。因为他没有将事情干到半路就收场的习惯。

詹姆斯和他那帮热心肠的朋友们，从一个城市到另一个城市，起劲推销股票。他的离经叛道之举使他在华尔街名声大噪，人们抱着或敬佩，或赞赏，或好奇，或尝试的心理，踊跃购买他的股票，他短时间内便卖出40万股，筹得一百万美元。

获得资金后，詹姆斯如虎添翼。他以小鱼吃大鱼的方式，在股市进行了一系列漂亮的投资运作，奇迹般地兼并了多家大公司，创造了一个全美家喻户晓的现代股市神话。

世上只有易失之物，没有易成之功，要取得一点成就十分不易，你必须比绝大多数人做得好一倍，你才能成功。只是发挥一般的能量是远远不够的。要充分利用"应激反应"，把自己逼到只许成功不能失败的境地。比如，当众宣布自己的目标，一旦不能达成目标，就会丢脸，就无地自容。这样就可以逼迫自己全力以赴。

把自己逼到无路可退时，你就没有了左顾右盼，没有了瞻前顾后，你的注意力会被有力地集中起来，在本能的驱动下，发出几十倍的威力，创造一个奇迹。

路是人走出来的，它始于拓荒者的决心和勇气。在"此路不通"的地方，只要你决不退缩，逼着自己踏平坎坷、拨开荆棘，命运就会向你亮起绿灯。

尤为重要的是，在事情没做之前不要替自己设计千百条退路，因为这只会为你的逃避提供借口。把退路断掉，逼迫自己向前，向前，永远向着自己的目标前进，你终有一天会大功告成。

好好做事，让结果超出想象

一本流行一时的书讲了这样一个道理：不功利的人往往会更为顺利地获利。

原因很简单：功利的人常常在追逐功利的过程中丧失原有的目标，而不盯着"利"字的人因为排除了功利的干扰，反而能做出更加正确的判断，尤其是这种品格常常会化为脱俗的人格魅力，极容易受到上司赏识。

有一个偏远山区的小姑娘到城市打工，由于没有什么特殊技能，于是选择了餐馆服务员这个职业。在常人看来，这是一个并不需要什么技能的职业，只要招待好客人就可以了，许多人已经从事这个职业多年了，但很少有人会认真投入这个工作，因为这看起来实在没有什么需要投入的。

这个小姑娘恰恰相反，她一开始就表现出了极大的耐心，并且彻底将自己投入到工作之中。一段时间以后，她不但能熟悉常来的客人，而且掌握了他们的口味，只要客人光顾，她总是千方百计地使他们高兴而来，满意而去。这样不但赢得顾客的交口称赞，也为饭店增加了收益——她总是能够使顾客多点一至两道菜，并且在别的服务员只照顾一桌客人的时候，她却能够独自招待几桌的客人。

就在老板逐渐认识到其才能，并准备提拔她做店内主管的时候，她却婉言谢绝了这个任命。原来，一位投资餐饮业的顾客看中了她的才干，准备投资与她合作，资金完全由对方投入，她负责管理和员工培训，并且郑重承诺：

她将获得新店 25% 的股份。

现在，这个小姑娘已经成为一家大型餐饮企业的老板。

在工作与生活当中，我们常常可以听到这样的话："凭什么要我做这做那，一个月才给我这么一点儿钱。""这不是我的事，让张三去做吧。""差不多就行了，是公司的事，又不是我自己的事情。"

很多人都认为工作是为老板做的，就像年少时认为学习是为老师学的一样。现在你知道了学习是为自己，不是为老师。可是，你知道工作也不是在为老板做吗？你能否做到领一份薪水做双份工作？

总是斤斤计较自己付出的人，他们最大的误区就是始终抱着"我不过是为老板打工"的工作态度。他们认为，工作就是一种简单的雇佣关系，做多做少，做好做坏，和自己没有多大的利害关系，反正自己的工资就是那么多，超出自己工作范围的工作与自己无关。这样的工作观念让无数人错失了人生中宝贵的机会，等到人生已经没什么希望的时候就不断地埋怨自己所在的企业。

齐瓦勃出生在美国乡村，只受过很短的学校教育。15 岁那年，一贫如洗的他就到另一个山村做了马夫。然而雄心勃勃的齐瓦勃无时无刻不在寻找着发展的机遇。三年后，齐瓦勃终于来到钢铁大王卡内基所属的一个建筑工地打工。一踏进建筑工地，齐瓦勃就抱定了要做同事中最优秀的人的决心。当其他人在抱怨工作辛苦、薪水低而怠工的时候，齐瓦勃却默默地积累着工作经验，并自学建筑知识。

一天晚上，同伴们在闲聊，唯独齐瓦勃躲在角落里看书。那天恰巧公司经理到工地检查工作，经理看了看齐瓦勃手中的书，又翻开了他的笔记本，什么也没说就走了。第二天，公司经理把齐瓦勃叫到办公室，问："你学那些东西干什么？"齐瓦勃说："我想我们公司并不缺少打工者，缺少的是既有工作经验又有专业知识的技术人员或管理者，对吗？"经理点了点头。不久，齐瓦勃就被升任为技师。在打工者中，有些人讽刺挖苦齐瓦勃，他回答说："我不光是在为老板打工，更不单纯为了赚钱，我是在为自己的梦想打工，为自己的远大前途打工。我们只能在业绩中提升自己。我要使自己工作所产生的价值，远远超过所得的薪水，只有这样我才能得到重用，才能获得机遇！"抱着这样的信念，齐瓦勃一步步升到了总工程师的职位。在他 25 岁那年，齐瓦勃又做了这家建筑公司的总经理。

"让自己工作所产生的价值，远远超过所得的薪水。"这是齐瓦勃的信念，也是所有拥有梦想者应有的信念。

在现实当中，人们总希望自己的收入变得更高一点。有一个观念很重要，就是：金钱是价值的交换。只要你能够为你所服务的团队创造出很高的价值，你就会获得应得的金钱。不管在什么样的公司工作，不管这家公司是什么样的性质，你都应该每天坚持思考帮助公司创造价值的方法。

工作不仅仅让你获得薪水，更重要的是，它还教你经验、知识，通过工作，你能够提升自己，从而变得更有价值。所以，你一定要记得，你不是仅仅为金钱而工作，你要为梦想而工作，为自己的前途而工作。让你工作的结果、创造的收益远远大于你获得的报酬吧。因为，在为企业创造更多价值的同时，你自己也能获得更多。

第 6 章

运筹帷幄　做事要有大局观

　　有大局观的人做事总是游刃有余，你要知道，他们的好心态是来自于懂得运筹帷幄的智慧。制定全局战略是做事成功的法宝，在做事之前先做计划，制定方案，否则就会像盲人摸象，不仅掌握不了事实的真实情况，而且对想要解决的问题也是无计可施，注定导致失败的结局。

站得高，才能看得远

统筹全局是做事的策略之一，它包括以下三个方面：

第一，远见卓识。

远见出卓识，但是远见往往来之不易。笼统地说，远见是一切用权成功者的必备素质，也是保证用权的持续与延伸的一种先决条件，它要求我们必须将个体与群体、情感与理智、经验与理论、形象与抽象、常规与非常规、科学与常识、静态与动态、横向与纵向、定性与定量、反馈与超前、单向与全方面、系统与辩证等许多个方面结合起来进行综合性的思考。简单地说，远见和卓识来自于我们所具备的较高思想意识水平，善于分析和综合来自各个方面的信息，能够周全而准确地作出判断和决定，能够制定出克敌制胜的计划和战略。

远见卓识要求我们在用权的过程中从大局出发，既要突出重点，又要兼顾其他各个方面的因素。即不仅要看到眼前的实际情况，而且还要以一种变化的观点去思考和探讨情势的变化，具有辩证的眼光，然后对自己所要从事的工作做出一个周密而详细的计划，再付诸于实践。这样我们才能从根本上把握住用权的关键，克敌制胜，使己方立于不败之地。

第二，平衡协调。

高明的人就好比出色的钢琴家，不仅要掌握"抓中心"艺术，而且需要有卓越的协调平衡技能，善于统筹兼顾，使权力的各个要素之间相互配合和促进，既要抓紧各个关键环节，集中力量解决主要矛盾，又要紧紧围绕中心，同时安排好其他方面，处理好次要矛盾。

领导不可能是独立地工作的，在大多数情况下都是众多人为了达到个人或共同的目标而工作着。不幸的是，这些目标不总是协调一致的。这就需要我们运用手段，把各种力量协调起来，以保持均衡，实现我们原定的目标。

第三，目光长远，胸怀全局。

管子说："一曰长目，二曰飞耳，三曰树明。明知千里之外，隐微之中。"意思是第一要看得远，第二要听得远，第三是做到明察千里之外的情况和隐微之中的深情。这就是说，成功的决策者既要高瞻远瞩，又要明察秋毫，也就是胸怀全局。三国时期的诸葛亮就是这样一个人。

诸葛亮是汉司隶校尉诸葛丰后裔。父亲诸葛珪早亡，诸葛亮与其弟诸葛均跟随叔父诸葛玄迁居南阳。诸葛玄去世后，诸葛亮便在南阳隆中建一草庐，躬耕田亩。当时刘备求贤若渴，带着关羽、张飞二人三顾茅庐，才得与诸葛亮相见。刘备对诸葛亮说："今汉室倾危，奸臣当道，皇上蒙尘，备自不量力，欲复兴汉室。只为自己智术短浅，迄无所成。然我志犹未已，今得遇先生，望乞赐教。"诸葛亮答道："自董卓专权以来，群雄并起，四方扰攘。曹操与袁绍相比，虽名微力寡，可曹操终究会将袁绍打败，转弱为强，这虽说依赖于天时，也取决于人谋。今曹操已拥兵百万之众，且挟天子以令诸侯，此人不可与其争锋。孙权据有江东，已历三世，国险民附，贤能之士乐于为其效命，国力稳固，不可轻图，只可与其结盟，以作外援。荆州北据汉沔，东连吴会，西通巴蜀，自古以来即是用武之地，而其地未有得主，此乃天赐将军之良机，未知将军可有意否？再则益州乃是险塞之地，沃野千里，向来称为天府之国，高祖得此地而成帝王之业。今刘璋暗弱，张鲁在北，虽民殷国富，却不知存恤，草野智士，渴得明君。将军是帝室之胄，思贤之心若渴，广招天下英雄，信义四海皆闻。若得荆益两地，据险自守，西和诸戎，南抚夷越，外结孙权，内修政理，静观天下之变，即可命一上将，率荆州之军向宛洛进发，将军自领益州兵马去向秦川，天下百姓都会箪食壶浆，欢迎将军。若这样做，霸业必成，汉室将兴也。"

诸葛亮虽身处茅庐，却胸怀天下，将当时的形势分析得清清楚楚。这一番宏论，令刘备茅塞顿开，连连称善。

事有巨细，有的人擅长处理细枝末节，有的人擅长运筹帷幄，一个真正的成功者必须具备的一项素质就是全局观念，只有大战略不出偏差，你的事业才有可能走得更远。

思路决定出路，眼界决定境界。只有始终保持广阔的视野，脑子能不断装进新东西，才能最终成就事业，立于不败之地。

西汉高祖十一年（公元前196年），中大夫贲赫上书告淮南王黥布谋反。刘邦派人查验有据，召集诸侯问道："黥布反了，怎么办？"众诸侯都回答说："发兵将他小子坑了，还能怎么办！"汝阴侯胜公私下问其士客薛公说："皇上分地封他为王，赐爵让他尊贵，面南而称万乘之主，他为什么谋反呢？"薛公说："他应该反！皇上前年杀彭越，去年诛韩信，黥布与此二人同功一体，自认为祸将及身，所以谋反。"胜公对刘邦说："我的士客故楚国令尹薛公，其人有筹策，可以问他。"刘邦于是召见薛公，求问对策。

薛公为刘邦分析形势，他说："黥布谋反并不奇怪。黥布有三计，如果用上计，山东之地就不是汉朝的了，用中计，则胜负难测，用下计，陛下可以安枕而卧。"刘邦问："上计怎么讲？"薛公说："东取吴，西取楚，北取齐鲁，传檄燕、赵，然后固守，山东之地即非汉所有。"又问："中计怎么讲？"薛公说："东取吴，西取楚，并韩取魏，据敖仓之粟，塞成皋之险，则胜负难测。"又问："下计呢？"回答说："东取荆，西取下蔡，以越为后方，自己守长沙，则陛下可以安枕而卧，汉朝无事。"刘邦说："那黥布会用哪一计？"薛公说："黥布以前是骊山的役徒，而今为万乘之君，他只会保身，不会为天下百姓考虑，所以会用下计。"刘邦说："好！"于是封薛公千户，亲自领兵东击黥布。

果然，黥布用薛公说的下计，东击荆，荆王刘贾死于富陵，劫其兵，渡淮水击楚，大败楚军，然后西进。与高祖兵在蕲相遇，汉兵击破黥布军，黥布渡淮水而逃，后与百余人逃至江南，被人杀死。

薛公虽然是把黥布看扁了，但他看得很准。黥布的确胸怀不大，鼠目寸光，手下又没有出色的谋士，成不了什么大事。

人们常说，思路决定出路，眼界决定境界，这话不假。想让自己的事业更上一层楼，就要站在更高的地方，多看，多听，多接触新事物。不换脑筋，就会被淘汰，在这个飞速发展的时代，绝不是危言耸听。

山外有山，楼外有楼。不管你现在是不名一文，还是富可敌国，你都要看到世界上比你强的人还有很多。只有始终保持一个广阔的视野，脑子能不断装进新东西，才能最终成就事业，立于不败之地。

一个好汉三个帮

要开阔思路，掌握全局，就要学会广泛汲取别人的意见和建议，最后集合成为整体的意见和建议，这样的结果是最能让人信服的。

有一句名言：得人之力者无敌于天下也，得人之智者无畏于圣人也。

一个人即使是天才，也不可能样样精通，这就意味着每个人都有自己不能完成之事。但是，天下什么样的人才都有，所有你自己不能完成之事，总有人能够完成。所以，如果你善于借人之力，就是超人，没有什么是你不能完成的，自可无敌于天下。

一个人即使是圣人，也不可能样样都懂。这就意味着每个人都有智力所不能达到的地方。但是，任何你不知道的事情，总有人知道，如果你善于借人之智，即可比圣人高出不止一筹。

对任何人来说，要做成一番大事业，单凭一己的能力与智慧总是不够的，若能懂得借力而行借智而谋，则无事不可成。

生活中的常识是好办法的源泉，从生活的常识出发，往往会有意想不到的收获。固执的人往往凭借着自己的经验，这种经验往往是形成金科玉律式的教条，认为通过这些便可以解决问题。事实上，问题最高明的解决办法是从生活的常识出发，一切办法来自生活，一切办法又回到生活。

一位十分著名的建筑师建造了一组现代化的办公大楼。这是三幢建设在一大片空地上遥遥相望的大楼，十分漂亮，建筑师超人的艺术素养得到了淋漓尽致的体现。早在大楼轮廓初现的时候，人们已经啧啧赞叹了。

等到大楼快要竣工的时候，工人们问道如何铺设三栋大楼之间的人行道。

建筑师的回答让所有的人大吃一惊："在大楼之间的空地上全种上草。"虽然大家很纳闷，但是出于信任，没有人提出任何异议。一个星期之后，这片空地全部种上了草。

一个夏天过后，在三栋大楼之间和通往外面的草地上，已经被来来往往的行人踩出了若干条小路。有的小路因为走的人多一些，于是比较宽，有的小路因为走的人比较少，于是比较窄。它们蜿蜒伸展，错落有致。

到了秋天，建筑师带领着工人们来了，他让工人沿着人们踩出的路痕铺就了大楼之间和通向外面的人行道，然后在道路两旁种上了树木和花草。

最后，每一个行走在这些道路上的人都赞叹不已。建筑师真的创造了奇迹。

建筑师真的创造了奇迹吗？显然是真的。那么这种奇迹从哪里来？自然是从生活的常识中来。在设计小路的时候，建筑师为了充分考虑到人们通行的习惯方便，他实际上用草地做了一个调研，最后调研的结果就是未来设计的方案。

群策群力说明团结就是力量。很多优秀的人在其领导生涯中都很注重团结的威力，寻求多方的支持，团结一切可以团结的力量，这是做事策略之三。

第一，争取同盟共同出力。

中国有句俗话："一个好汉三个帮"，就是说，一个人能耐再大，要想实现自己的宏伟目标，都必须要找到有实力的帮手。

在组织活动中，我们要想战胜主要的竞争对手，就必须随时注意寻找并依靠同盟者。

世界著名船王、香港环球集团主席包玉刚，在 20 世纪 80 年代初成功地击败怡和洋行，收购九龙仓，轰动了香港乃至全球，这一收购被认为是船王一生中了不起的杰作。

而这次收购得以成功，关键在于包玉刚找到了一位有实力而且可以信赖的同盟者——李嘉诚。

包玉刚在50年代中期靠一条旧货船"下海"搞远洋运输起家，经过20年的艰苦奋斗，到70年代中期，一跃登上了世界船王的宝座，成为拥有1800万吨庞大船队的世界上最大船运实业家。

然而，船王也有受制于人的地方——

在香港，包玉刚的庞大船队没有自己的基地、码头和仓库。当时，香港最重要的九龙码头一直控制在英资怡和洋行旗下的九龙仓有限公司手中。

包玉刚为此吃尽了苦头。在九龙码头，他的船装了货来时被告知没有仓位卸，前往装货的空船又常常找不到停泊位置，包氏因此不仅常挨罚款，信誉也多次受损。

堂堂船王处处看人眼色，受窝囊气，终于使包玉刚忍无可忍了，于是倾尽全力同怡和洋行展开了一场九龙仓争夺战。

当然，怡和洋行绝非等闲之辈，在香港的英资四大行中，怡和稳坐头把交椅，称霸港埠已逾百年。而九龙仓有限公司则是怡和的心肝宝贝，怡和通过九龙仓公司，控制着香港最大的货运码头和货柜场地。

面对强有力的对手，包玉刚制定了一套严密的战略计划。其中第一步就是寻找同盟军孤立对手，壮大自己的力量，为最后决战做好准备。

其时，香港商界还有一个巨头——大地产商李嘉诚，也在觊觎九龙仓，他已暗中吸入2000万股九龙仓股票，且李嘉诚为斗倒怡和也有与包玉刚结盟之意。

包玉刚认为，李嘉诚是他要寻找的最佳合作者，因为李嘉诚不仅实力雄厚，而且也是炎黄子孙，同英资财团较量，李嘉诚是可靠而有力的同盟军。

于是，在 1978 年 9 月下旬的一天，包玉刚邀李嘉诚到香港希尔顿饭店的一间豪华客房里，开始商谈联手斗怡和的事情。

寒暄过后，包玉刚单刀直入，切入主题：

"我是想同你合作。虽然我们经营范围不同，但是，有时手上的东西，可以用来帮助和支持朋友的。比如，我现在握有'和记黄埔'9000 万股，用来帮你解决目前的困难，不是很有用吗？而你手中的 2000 万股九龙仓股票，对我来说也极为重要。"

李嘉诚一下子什么都明白了，他高兴地说：

"是啊，听说你的货船在九龙仓经常遇到麻烦，吃了很多罚款，我很为你鸣不平。九龙仓对你来说的确十分重要，而'和记黄埔'对我来说则最为关键。我们互相帮助，固然对彼此都有利，可是，惭愧得很，我只有 2000 万股九龙仓，与你的 9000 万股'和记黄埔'相比，实在太微不足道了……"

包玉刚不等李嘉诚说完，大度地一挥手：

"不用说了，朋友帮忙，只要尽力就行。"

李嘉诚大喜。对他来说，作为地产商，九龙仓固然重要，但毕竟是可有可无的，而和记黄埔则是他处心积虑要得到的宝贝。现在，包氏愿以 9000 万股支持他夺取和记黄埔，在这种情况下退出九龙仓争夺转而支持包玉刚，对他来说是合算的。因而李嘉诚爽快地对包玉刚说：

"那好吧，我就厚着脸皮占你的便宜了。不过，以后凡属九龙仓的事，只要你来个电话，我李某人必然尽力而为。"

"一言为定。"

"一言为定。"

短短 20 分钟的会晤，使包玉刚的第一步也是最关键的一步取得了成功。他找到了一位可靠而有实力的同盟者。

随后，包玉刚以每股 7.1 港元的价格，将所持 9000 万股'和记黄埔'全数转让给李嘉诚，同时以每股 36 港元的价格，从李氏手中购入 2000 万九龙仓股票，一举掌握了九龙仓股份的 18%，从而取得了与怡和平起平坐的地位，为这场争夺战的最后胜利，打下了坚实的基础。

此后，包玉刚又经过一年多的精心准备，在 1980 年 6 月 24 日，动用令人惊异的 21 亿港元的巨额现金，以迅雷不及掩耳之势，打败了怡和，完成了夺取九龙仓的壮举。

总之，一个人仅凭个人的智慧是无法完成领导工作的，历史上由于故步自封、偏执、自满而遭到失败的例子不胜枚举，善于统领大局的人总是能够利用集体的智慧，群策群力以获取胜利。

第二，集思广益，以史为鉴。

"集思广益"语出《三国志·董和传》："（诸葛亮）后为丞相，教与群下曰：'夫参署者，集众思，广忠益也。'""集众思"是集中群众的智慧，"广众益"，是指广泛吸收有益的意见。宋代许月卿在《先天集·赠李相士诗》"集思广益真宰相，开诚布公肝胆倾"中把四字相连。后以"集思广益"，指集中群众智慧，可使效果更大更好。

集思广益是古人在长期实践中总结出来的至理名言。其中蕴含着深刻的方法论原则，是统御者不可须臾离开的制胜法宝。

明太祖朱元璋农民出身，当过放牛娃，做过小和尚，拉起队伍后，他认真听取属下意见，十分注意笼络文人，集思广益，终成大事。

文人冯国用向他提出两条建议：一是不能带着队伍老是东走西转，可以去夺取龙盘虎踞的金陵做根据地；二是不要贪婪女子玉帛，要为民多做好事，争取民心。朱元璋见说得有理，便收冯国用为谋士。后有李善长来投，对朱元璋说："汉高祖家乡在沛，离您家乡凤阳不远吧？他的家庭和您的家庭不是一样低微吗？他能成为汉高祖，将军也定能夺得天下。"朱元璋"心有灵犀一点通"，至此便拿刘邦作榜样。当然出此高见的李善长也被留下来，封官为掌书记。就这样，朱元璋一个个招纳了十几个文人作为谋士，给以优厚待遇，专门为他们建立了"礼贤馆"。

也正是"礼贤馆"中众谋士提出的谋略，使朱元璋一步步走向成功之路。这其中最重要的是老儒朱升所提的"高筑墙，广积粮，缓称王"。朱升提此建议时，朱元璋刚攻下南京，立足未稳，力量还弱，地盘尚小，还不足以与其他各路反元兵马较量。此时，"高筑墙"可站稳脚跟，加强自己的防御力量，以免被敌人吞掉；"广积粮"，注意经济建设，积蓄物质力量，维持一时还不能取胜的战争；"缓称王"则可避免过早称王称霸，扯旗放炮，树敌过多，招人嫉妒和打击。朱元璋用这三句话作为自己的战略方针，赢得了最后胜利，建立了明王朝。

好汉难敌四手，猛虎不敌群狼，一个人的能力再大也只能做一个人的事，要想掌控全局，指挥若定，就必须有足够的帮手为你撑起事业的各个基石。

防微杜渐，做事也要明察秋毫

　　我们在运用权利的过程中为了行使好自己的权利，必须多方策划，奋发图强，小心谨慎，壮大实力，做好准备，方能使自己有能力迎接任何挑战。

　　第一，明察秋毫，料事及先。

　　世界上的事物总是不断变化的，但事物的变化又总是从量变开始的，因此聪明的人总是能够深谙此中之道，能够通过仔细观察事物进而了解事物的来龙去脉，了解事物的发展变化——乃至微小的变化，从而制定和决定相应的对策与方法。在别人尚未动手之前，已料其先机，怎能不立于不败之地呢？

　　所以我们要充分锻炼自己这种明察秋毫、料事及先的敏锐洞察力，抱着审慎、理智的态度去观察一切，这样做，对我们而言有百益而无一害。

　　下面两则故事也许会给你许多启示。

　　明代的夏翁是江阴县的大族，曾坐船经过市桥，有一个人挑粪倒入他的船中，溅到夏翁的衣服上。此人是旧识，童仆们很生气，想打他。

　　夏翁说："这是因为他不知情，如果知道是我，怎么会冒犯我呢？"

　　因此用好话把他遣走了。

　　回家后，夏翁翻阅债务账册查索，发现，原来这个人欠了钱无法偿还，想借激怒夏翁来求得一死，夏翁因此撕毁契券。

　　同类的一个故事发生在长洲开钱庄营生的尤翁的身上。岁末的时候，他听到门外有吵闹声，出门一看，原来是邻居在和店里伙计争吵。

伙计上前向尤翁诉说："此人拿着衣服来典押借钱，现在却空手前来赎取，而且出口骂人，有这种道理吗？"

此人剽悍不驯，尤翁便慢慢地告诉他说："我知道你的心意，不过是为了新年打算而已，这件小事何必争吵呢？"

于是尤翁命令家人检查他抵押的物品，共有四五件衣服。尤翁指着棉衣对他说："这件是御寒所不可缺少的。"

他又指着一件长袍道："这件给你拜年的时候用，其他不是急需的，自可以留在这里。"

这个人拿着两件衣服，默默地离去了，但是当夜竟死在别人家里，讼案长达一年之久。

原来这个人负债太多，本来就准备服毒自杀，以为尤翁有钱，可以欺诈，既然骗不到，就转到别人家里去了。

有人问尤翁为什么事先知道而强忍着，尤翁说："凡是别人不合理的对待，一定有所仗恃，小事不能忍，灾祸立刻降临。"

夏翁和尤翁可以说都是明察秋毫、料事及先的高手。也正因为他们的敏锐的洞察力使他们避开了不必要的纠纷和麻烦。在现实生活中，我们所面临的麻烦和挑战要比他们多得多。因此，向夏翁和尤翁学习一点明察秋毫的本领，对领导工作而言是必要的。

第二，防微杜渐，转祸为福。

晋朝温峤尽忠于王室，在王敦的手下做事。因为王敦有叛逆的计划，于是温峤就在表面上伪装恭敬的样子，经常献机密的计策以附和王敦的心意。正巧丹阳尹空缺，王敦就派温峤为丹阳尹。

温峤恰好此时与王敦手下的钱凤交恶。他忧虑自己一旦离去，钱凤会在后面离间，因此在王敦为他饯别时，就起来向众人敬酒，到了钱凤面前，钱凤才举杯，不及喝下，温峤装醉，用手将钱凤的头巾打落在地上，生气地说："钱凤是什么东西？温太真敬酒，竟敢不饮一杯啊!

而温峤与王敦分别时，满脸的眼泪，出了屋子又回头进去，接连三次。

当温峤离去以后，钱凤对王敦说："温峤和朝廷的关系很密切，不能相信他。"

王敦说："太真昨晚醉酒，稍微给了你一点颜色，何必就要说他的坏话。"

从此钱凤毁谤批评温峤的话都起不了作用。

这是一个典型的防微杜渐的故事。从辩证的观点来说，人类社会总是复杂的，人的思想也总是光怪陆离的，在社会生活中，无时无刻不存在各种各样的矛盾和斗争。为了使自己更好地运用手中的权利，为团体，为国家，为社会谋取利益，笔者认为对今天而言，从中学习一些必要的用权技巧与方法并无不可取之处。

灾祸往往起于微末，机会常常藏于细节，没有细致入微的观察和敏感的辨识能力，就会陷于险境而不自知，错过机会而不察，决策者不可不慎。

好好做事，就要多思考

在古今中外历史上都不乏靠举措适时而获巨大成功和胜利的事例，同样，因错失良机而丢掉大好局面，甚至国破身亡的事例也不胜枚举。历史上的教训和经验说明我们做事不可不三思而后行。

第一，冷静思考，判断时机。

冯景禧 1922 年出生于广州市一个商人家庭，他没有读完中学，16 岁到香港卑利船厂学生意，随后又在广州、香港当过货币兑换店的跑腿，还与人合作经营酒楼，从事外汇和黄金买卖。1948 年，他从香港运鱼苗往台湾销售，鱼苗在运输途中死掉。他在台湾买了一批香蕉运回香港，船在从台湾往香港途中遇上了风暴，被风吹离了原定航向，大部分香蕉烂掉。一次次的失败使冯景禧冷静了下来，他把他的大部分精力都用于对问题的思考，而不是一味地贸然前进。50 年代到 60 年代，香港房地产蓬勃发展，冯景禧与友人开办了新鸿基地产公司，成为香港规模较大的一家地产公司。1967 年，香港社会异常动乱之后冯氏曾想移居加拿大，但到加拿大去了一次之后，他又回到了香港，在香港开始了他的第二次飞跃。1969 年，冯景禧创办了新鸿基证券公司，同年在新成立的远东股票交易所得到了一个席位，这个席位使新鸿基证券公司的股票能够上市交易。冯景禧还广泛吸收存款，代理客户财务，投资及买卖证券、外汇和黄金，在其他股票经纪公司集中力量为大客户服务的时候，新鸿基证券公司却着力于为小户、散户等效劳，为他们买卖股票。集中了小户、散户的资金，使新鸿基证券公司成为香港股票市场一支举足轻重的足以左右股票价格的力量，业务日益兴旺。80 年代后期，这家创业时只有几名职工的经纪行，一跃成为有着上千职工的大公司。现在，新鸿基与美国、法国等建立了合作关系，在伦敦、马尼拉、纽约、北京开设了办事处。

冯景禧从一个小学徒成长成为一个世界级的经济强人，绝对不可能说是巧合，而只能说是抓住了机遇。早年的冯景禧历尽挫折，一次次的失败给他注射了一剂"清醒针"，使他由一个单纯的商人转变成为一个冷静的思考者，他从钱与钱的交易中退了出来，作为一个旁观者，冷静地思考时局，为自己的下一步制定方略。"不经历风雨，怎么见彩虹。"失败教会了冯景禧如何去面对风险，如何思考问题。

当然，把握时机只是事物发展的外因，要成功还得要实现内外结合，一个正确的经营方式才是实现成功的关键所在。如果冯景禧不是另辟蹊径，对散户和小户开展业务，而只是一味地对大户开展业务，我们可以想象，他可能陷入恶性竞争而难以自拔，很难形成自己的特色。因此在把握时机时，重点还要实现经营方式的突破，包子不光要皮好看。

第二，当断则断。

机会总是稍纵即逝的，而抓住机会使之成为巨大的转折点，不仅需要有对机会敏锐的"嗅觉"，也需要利用机会的魄力。

三国时期的"袁绍集团"，其实力在诸雄中首屈一指，被公认最有希望问鼎天下。袁绍麾下，谋士如云，战将如林。但是由于袁绍的"多谋少决"，官渡一战，败于曹操之手。"多谋少决"，是缺乏判断力的表现，这对一个统帅或决策人物来说，是致命的弱点。

袁绍手下谋士如云，这是一个极为有利的条件，但一到决策时，众谋士各抒己见，袁绍就失去了主心骨，不知取舍，优柔寡断。

刘备是当时袁绍潜在的竞争对手之一。白马之战中，袁绍听说有位赤脸长须使大刀的勇将（刘备的结义兄弟关羽）斩了他的大将颜良后，大怒，谋士沮授乘机建议除去刘备。此时袁绍指着刘备说："汝弟斩吾大将，汝必通谋，留尔何用"？说着就要将刘备拉出去斩首。刘备从容地说："天下同貌者不少，岂赤面长须之人，即为关某也？明公何不察之"？袁绍听后，马上改变了主意，反而责怪沮授"误听汝言，险杀好人。"遂仍请玄德上帐坐，议报颜良之仇。接着，关羽又杀了袁绍的大将文丑，谋士郭图、审配入见袁绍说："今番又是关某杀了文丑，刘备佯推不知"。袁绍听后大骂："大耳贼，焉敢如此"。命令将刘备拿下斩首。刘备又辩解道："曹操素忌备，今知备在明公处，恐备助公，故特使云长诛杀二将。公知必怒。此借公之手以杀刘备也。愿明公思之"。毫无主见的袁绍听见，竟反过来责备郭图、审配等人"玄德之言是也。汝等几使我受害贤之名"。袁绍两次欲杀刘备，而刘备都化险为夷，从中可看出刘备的机敏，更可反映袁绍出尔反尔、多谋少决、谋而不断的性格特征。

多谋少决，使袁绍失去战机。在官渡之战的相持阶段，许攸曾向袁绍献计："曹操屯军官渡，与我相持已久，许昌必空虚，若令一军星夜掩袭许昌，则许昌可拔，而操可擒也。今操粮草已尽，正可乘机会，两路击之。"但袁绍却顾虑曹操诡计多端，拒绝了许攸的建议，在最关键时刻贻误了战机。倘若袁绍能够当机立断，抓住有利战机，及时采纳许攸的建议，那么其结果很可能如曹操所说："若袁绍用子远言，吾事败矣。"可见，当断不断，看起来似乎稳妥，实际却潜伏了更大危险。

在现实生活中，往往有许多天赐良机，稍纵即逝。作为决策者，就要善于抓住这些良机，充分利用这些良机。

如何抓住良机呢？这就需要决策者具有果断的素质。所谓果断，是指把经过深思熟虑后的选择，迅速明确地表达出来。果断，说明了决策者的思想高度集中，是他敏锐反应的体现，他对信息的吸收消化，对经验的综合应用，对未来的估计和推测，都能在短时间内完成。

要达到这一点，作为决策者就必须对事件有迅速作出判断和选择的能力，有敢于对事件的过程和后果负责的精神和能力。顾虑重重，怕这怕那，畏畏缩缩，"一看，二慢，三通过"的人，不可能成为一个好的决策者。因为在看和慢的过程中，情况在变化，在等的过程中，可能会产生更多的风险。

有时候事务的全局情况错综复杂，瞬息万变，决策者不可能做到事无巨细，未卜先知。要想趋利避祸，正确决策，除了准确完备的信息，细致缜密的思考，还需要临机应变的能力，处变不惊的素质，以及做重大决策的经验。

简单有效的大智慧

遇到问题，我们都想找到最好的办法来解决。但是最好的办法并不意味着得来最难。事实上，很多好的办法都很简单，可能就是一个很小的动作就可以让事情逆转。当遇到很糟糕的情况的时候，我们最好的办法无外乎从最简单的方法想起。有的人往往不会用简单的办法，他们追求复杂，他们错误地把复杂理解成为科学和先进。显然，这是有悖于事实的。

1933 年 3 月，罗斯福宣誓并就任美国第 32 任总统。当时，美国正经历持续时间最长，涉及范围最广的经济大萧条。就在罗斯福就任总统的当天，全国只有很少的几家大银行能正常营业，大量的现金支票都无法兑现。银行家、商人、市民都处于恐慌状态，稍有一点风吹草动将会导致全国性的动荡和骚乱。

在坐上总统宝座的第 3 天，罗斯福发布了一条惊人决定——全国银行一律休假 3 天。这意味着全国银行将中止支付 3 天。这样一来，高度紧张和疲惫的银行系统就有了较为充裕的时间进行各种调整和准备。

这个看似平淡无奇的举动，却产生了奇迹般的作用。

在全国银行休假 3 天后的一周之内，占全美国银行总数四分之三的 13500 多家银行恢复了正常营业，交易所又重新响起了锣声，纽约股票价格上涨 15%。罗斯福的这一决断，不仅避免了银行系统的整体瘫痪，而且带动了经济的整体复苏，堪称四两拨千斤的经典之作。

罗斯福用这样一种简单方法就能力挽狂澜，而且产生了立竿见影的效果，就是因为他一下抓住了银行——整个"国家经济的血脉"所存在的问题，抓住了整个经济中最重要的问题，并选择了一个最简单易行的方法去解决了。

　　要学会用最简单有效的办法，不要尝试用过于复杂的办法去解麻团。很多时候，快刀是对麻团的最好解决办法。也正如亚历山大一刀砍掉绳结一样，通过最简单的办法，他成了世界上最有力量的人。

第 7 章

兢兢业业 好好做事，才能成事

每天都做事的人不一定会成功，但是每天都好好做事的人一定正在走向成功。在生活和工作中，做事能从始至终认真努力又坚定不移的人很少，如果你是，请一定保持；如果你现在不是，希望你从今天开始就成为具有这种品质的人。

做好你该做的事情

对工作总是敷衍了事的人来说，他们更愿意发挥自己"投机取巧、避重就轻"的特长，更愿意在"上有政策，下有对策"上发挥自己的聪明才智，并以让自己在工作中能随意获得片刻的轻闲为荣。在工作中投机取巧也许能让他得到一时的便利，但他因为长期在工作中投机取巧，无所事事，他的工作能力不仅会退化，品格也会变得堕落，为自己的一生埋下隐患。

下面这个故事，或许能给我们一个更直观的警示：

一个人看见一只幼蝶在茧中拼命挣扎了很久，觉得它太辛苦了，出于怜悯，就用剪刀小心翼翼地将茧剪掉了一些，让它轻易地爬了出来，然而不久这只幼蝶竟死掉了。

幼蝶在茧中挣扎是生命过程中不可缺少的一部分，是为了让身体更加结实，翅膀更加有力，而这种投机取巧的方法只会让其丧失生存和飞翔的能力。

世界上绝顶聪明的人很少，绝对愚笨的人也不多，一般都具有正常的能力与智慧。那么，为什么有些人成功了而有些人却总是遭受失败呢？这里面最重要的一个原因就是他们对作待工作所持有的态度不同。那些对工作认真负责者，在认真工作中不仅获得了掌控自己命运的能力，同时也将自己的事业一步一步推向高峰；那些习惯于投机取巧者，不愿意付出与成功相应的努力，却希望到达辉煌的巅峰，不愿意经过艰难的道路，却渴望取得事业上的胜利，这岂不是痴人说梦。

投机取巧实在是一种普遍的社会心态，而成功者的秘诀恰好就在于他们能够超越这种心态。

在一家电脑销售公司里，老板吩咐三个人去做同一件事：到供货商那里去调查一下电脑的数量、价格和品质。

第一个人5分钟就回来了，他并没有亲自去调查，而是向下属打听了一下供货商的情况，就回来做汇报。

30分钟后，第二个人回来汇报，他亲自到供货商那里了解了一下电脑的数量、价格和品质。

第三个人90分钟后才回来汇报。

原来，他不但亲自到供货商那里了解了电脑的数量、价格和品质，而且根据公司的采购需求，将供货商那里最有价值的商品做了详细记录，并和供货商的销售经理取得了联系。另外，在返回途中，他还去了另外两家供货商那里了解了一些相关信息，并将三家供货商的情况做了详细的比较，制定出了最佳购买方案。

结果，第二天公司开会，第一名员工被老板当着大家的面训斥了一顿，并警告他，如果下一次再出现类似情况，那么公司将开除他。第三名员工，因为勇于负责，恪尽职守，在会议上受到老板的大力赞扬，并当场给予了奖励。

在这三个人当中，你认为自己属于哪一种人呢？

如果你想在公司获得成功，你就必须做第三种人，这种人无论身居何处，都是企业殷切想要网罗的人才。如果你想获得很多，你就必须付出得比别人更多，尤其重要的一点是：你必须做一个认真负责的人，而不是一个投机取巧的人。

正确做事，做正确的事

要取得好业绩就要能正确做事，更懂得做正确的事，这样的人十分注重工作方法，张弛有度。他们非常清楚自己的生活方向，他们也善于安排时间，控制节奏，知道自己该在什么时间做什么事情，即便再忙，也极有规律。

"正确地做事"与"做正确的事"有着本质的区别。"正确地做事"是以"做正确的事"为前提的，如果没有这样的前提，"正确地做事"将变得毫无意义。首先要做正确的事，然后才存在正确地做事。试想，在一个企业里，员工在生产线上按照要求生产产品，其质量、操作行为都达到了标准，他是在正确地做事。但是如果这个产品根本就没有买主，没有用户，这就不是在做正确的事。这时无论他做事的方式方法多么正确，都是徒劳无益的。

正确做事，更要做正确的事，这不仅仅是一个重要的工作方法，更是一种很重要的管理思想。在任何时候，对于任何人或者组织而言，"做正确的事"都要远比"正确地做事"重要。对企业的生存和发展而言，"做正确的事"是由企业战略来决策的，"正确地做事"则是执行问题。如果做的是正确的事，即使执行中有一些偏差，其结果也不会致命；但如果做的是错误的事情，即使执行得完美无缺，其结果对于企业来说也肯定是灾难。

对企业而言，倡导"正确做事"的工作方法和培养"正确做事"的人，与倡导"做正确的事"的工作方法和培养"做正确的事"的人，其行为效果是截然不同的。前者是保守的、被动接受的，而后者是进取创新的、主动的。

麦肯锡公司资深咨询顾问奥姆威尔·格林绍曾指出："我们不一定知道正确的道路是什么，但不要在错误的道路上走得太远。"这是一条对所有人都具有重要意义的告诫，他告诉我们一个十分重要的工作方法：如果我们一时还弄不清楚"正确的道路"（正确的事）在哪里，那就先停下自己手头的工作，找出"正确的事"。

找出"正确的事"这个过程就是解决一个个问题的过程。有时候，一个问题会摆到你的办公桌上让你去解决。问题本身已经相当清楚，解决问题的办法也很清楚。但是，不管你要冲向哪个方向，想先从哪个地方下手，正确的工作方法只能是：在此之前，请你确保自己正在解决的是正确的问题——很有可能，它并不是先前交给你的那个问题。

其实，让工作高效卓越的方法是有机而复杂的，就跟医学问题一样。病人到医生的办公室说自己有一点发烧，他会告诉医生自己的症状：嗓子痛、头疼、鼻子堵塞。医生不会马上就相信病人的结论，他会翻开病历，问一些探究性的问题，然后再做出自己的诊断。病人也许是发烧，也许是感冒了，还可能得了什么更严重的病，但医生不会依靠病人自己对自己的判断进行诊断。

所以，要搞清楚交给你的问题是不是真正的问题，唯一的办法就是更深入地挖掘和收集事实。

当初黑白电视机处于成熟期，而彩色电视机方兴未艾时，若仍选定黑白电视机为目标产品，则不论其生产效率有多高，这种产品在往后肯定要滞销。虽然提高生产效率是在正确地做事，但因为做了不正确的事，导致损失巨大。

当你确信自己是在为一个错误的问题伤脑筋时，你会做些什么？当医生认为病人的轻微症状掩盖了某些更为严重的问题时，他会告诉自己的病人："琼斯先生，我可以治疗你的头疼，不过我认为这是某种更为严重的病情的症状，我会做进一步的检查。"按照同样的方法，你应该去找你的客户或者是你的老板，告诉他："你让我去了解 X 问题，但真正对我们的业绩有影响的是来自于对 Y 问题的解决。只要你真想的话，我现在就可以解决 X 问题，不过我认为把精力放在 Y 问题上面更符合我们的利益。"

如果你有支持自己的资料，那么客户既可以接受你的建议，也可以让你继续处理原来的问题，但是你已经尽到了根据客户的最佳利益行事的责任。

这也是最棒员工的工作原则：正确做事，更要做正确的事。而首先找出"正确的问题"，则是做正确的事的第一步。

接下来，我们介绍的是把"正确的问题"做正确的一些快速高效的工作方法：

1. 改进原来不合理的工作方式。

原有的工作方法未必就是最好的工作方法。对原有的方法加以认真分析，找出那些不合理的地方，加以改进，使之与实现目标的要求相适应。

也可在明确目的的基础上，提出实现目的的各种设想，从中选择最佳的手段和方法。

2. 统筹安排做事顺序。

即考虑做工作时采取什么样的顺序最合理，要善于打破自然的时间顺序，采取电影导演的"分切""组合"式手法，重新进行排列。

3. 合并处理，分类解决。

如果有两项或几项工作，它们既互不相同，又有类似之处，互有联系，且实质上又是服务于同一目的的，就可以把这两项或几项工作结合为一，利用其相同或相关的特点，一起研究解决。这样自然就能够省去重复劳动的时间。

4. 适当安排休息。

尽可能把不同性质的工作内容互相穿插，避免打疲劳战。如写报告需要几个小时，中间可以找人谈谈别的事情，让大脑休息一下；又如上午在办公室开会，下午到群众中去搞调查研究。

5. 对经常性的问题，统一处理。

即用相同的方法来安排那些必须时常进行的工作。比如，记录时使用通用的记号，这样一来就简单了。对于经常性的询问，事先可准备好标准答复。

其实，做正确的事不仅仅是指选择自己所爱的工作，也不仅仅是提高工作效率，它还包括许多其他的事情，这些都需要大家在工作中慢慢体会。

主动工作，使我快乐

在职场中没有"份外"的工作，要想登上成功之梯，你必须永远保持主动率先的精神，这种额外的工作可以使你对本行业拥有一种宽广的眼界，与此同时获得更多的机会。要知道，超过别人所期望你做的，会使你更容易如愿以偿。所有事业成功的人和工作平庸的人之间最本质的差别在于：成功者将工作当作一种储备，多多益善，而工作平庸的人则死守职责，对职责外的工作置若罔闻。

美国成功学大师拿破仑·希尔曾说："人与人之间只有很小的差异，但是这种很小的差异却造成了巨大的差异。很小的差异就是所具备的心态是积极的还是消极的，巨大的差异就是成功和失败。"

中国有位著名的企业家也说过："除非你愿意在工作中超过一般人的平均水平，否则你便不具备在高层工作的能力。"

社会在进步，公司在扩展，个人的职责范围也跟着扩大。不要总拿"这不是我职任内的工作"为由来推脱责任，当额外的工作分摊到你头上时，这也是一种机遇。

卡洛·道尼斯刚开始在世界著名汽车制造商杜兰特手下工作时，职务低微，但很快他就被杜兰特先生当作左膀右臂，担任其下属一家公司的总经理。他之所以能升迁如此迅速，原因就是他多做了一点职责外的事。他说："刚为杜兰特先生工作时，我就注意到，每天所有的人下班后，都回家了，杜兰特先生依旧会留在办公室里继续工作到很晚。为此，我决定下班后也留在公司里。是的，确实没有人要求我这样做，但我觉得自己应该留下来，在杜兰特先生需要时为他提供一些帮助。

"工作时杜兰特先生常会找文件，打印材料，以前这些事都是他自己亲自来做。很快，他就发现我时刻在等待他的吩咐，久之逐渐养成召唤我的习惯。"

在当今的商业社会中，传统对待职业的态度，已经越来越不适应了，只做到恪守职责已远远不够。那些事事待命而行、满足于完成交付给自己的任务的员工，将会在工作竞争中越来越力不从心。只有那些像卡洛·道尼斯这样积极、主动，全身心投入工作中的员工，才是雇主、企业真正需要的人。

无论你的想法是什么，目标有多么远大，要实现它，你都必须干得比其他人更多。不要像机器一样只做分配给自己的工作。一些看起来似乎是很平凡的事，你默默地多做一些，多承担些责任，多为公司和老板分担些一些，公司和老板自然会给你更多的发展机会。

敬业精神最直接的表现是：干一行，爱一行，工作中一心一意。这样，才能在工作中脱颖而出。

也许，目前你依旧处于困苦的环境之中，然而不要埋怨，不要怨天尤人，只要你努力工作，很快就能摆脱窘境，并让你在物质上得到满足。通往成功的唯一途径是艰苦的奋斗，这是被古今中外的无数成功者所证明了的。

有位成功人士说过："如果你具备了真正做好一枚别针的能力，那么，这要比你拥有生产粗糙的蒸汽机的能力强得多。"

许多人不明白，为什么自己取得的成就竟然不如那些能力远不及自己的人。你如果对这个问题感到很困惑的话，不妨试着回答以下问题，或许答案就在里面：

你的前进方向有没有错误？

你是否非常了解工作中的每一个细节？

你有没有认真读过相关的书籍或资料，以提升你的工作效率，创造令你满意的财富？

如果你不能肯定地回答上面的问题，那说明阻碍你通向成功的关键就在这里。反之，不管做什么事情，如果你能一贯地遵循以上几点，那你一定可以在事业上取得成功。不过，如果你选择的道路方向不正确，就要当机立断，迅速改变，以免白费力气，做无用功。

曾有人向一位成功人士请教："你为什么能完成这么多的工作？"这位成功人士是这样回答的："因为我奉行这样的原则，在某个时间段只集中精力做一件事，但要尽最大的努力把它做好。"

对本职工作不了解，业务不熟练，在失败后却反而责怪他人，抱怨社会，这是不应该的。你应该做的是，尽最大的努力精通业务，这实际上并不难，只要你持之以恒地积累。

那些对工作粗枝大叶，敷衍了事的人，他们一定缺乏把事情做好的恒心和毅力，这种人不懂得训练自己的个性，因此很可能永远都不能达到自己的目标。他们总是试图同时获得工作和享乐，却不明白，鱼和熊掌往往是不能同时得到的，结果很可能是竹篮打水一场空，或者是捡了芝麻丢了西瓜。

实际上，严谨的做事风格和练达的处事智慧的获得并不难，只要你工作时一丝不苟、心无旁骛就可以。它可以使你从一般走向优秀，从优秀走向卓越。

只要你能时刻将"敬业"视作一种美德，时刻在工作中尽心尽力，你就能在工作中忘记辛劳，得到欢愉。长期坚持，你就能找到通向成功之路的秘诀。

交代之外的那些事

　　在现代社会中，虽然听命行事的能力相当重要，但个人的主动进取精神更应受到重视。许多公司都努力把自己的员工培养成主动工作的人。所谓主动工作，就是没有人要求你，强迫你，你却能自觉而且出色地做好需要做的事情。

　　《企业对员工的终极期望》一文中这样说道：

　　"亲爱的员工，我们之所以聘用你，是因为你能满足我们一些紧迫的需求。如果没有你也能顺利满足需求，我们就不必费这个劲了。我们深信需要一个拥有你那样的技能和经验的人，并且认为你正是帮助我们实现目标的最佳人选。于是，我们给了你这个职位，而你欣然接受了。谢谢！

　　"在你任职期间，你会被要求做许多事情：一般性的职责，特别的任务，团队和个人项目。你会有很多机会超越他人，显示你的优秀，并向我们证明当初聘用你的决定是多么明智。然而，有一项最重要的职责，或许你的上司永远都会对你秘而不宣，但你自己要始终牢牢地记在心里。那就是企业对你的终极期望——永远做非常需要做的事，而不必等待别人要求你去做。"

　　任何老板都希望自己公司的员工有一种主动精神，那些能沉浸在工作状态中，独立自主地把事情做好的员工——无论他们的背景、训练或技能如何——无疑将会成为老板最需要的人。

　　两个同龄的年轻人同时受雇于一家零售店铺，并且拿同样的薪水。

可是做了一段时间之后，名叫约翰的小伙子青云直上，而那个名叫汤姆的却仍在原地踏步，汤姆很不满意老板的不公正待遇，终于有一天忍不住跑到老板那儿发牢骚。老板一边耐心地听着他的抱怨，一边在心里盘算着怎样向他解释清楚他和约翰之间的差别。

"汤姆，"老板开口说话了，"你到集市上去一下，看看今天早上都有什么货。"

汤姆从集市上回来向老板汇报说："今早集市上只有一个农民拉了一车土豆在卖。"

"有多少？"老板问。

汤姆赶快戴上帽子又跑到集市上，然后回来告诉老板一共40袋土豆。

老板问："价格是多少？"汤姆又第三次跑到集市上问了价格。

"好吧，"老板对他说，"现在请你坐到这把椅子上一句话也不要说，看看别人是怎么做的。"

于是老板叫来约翰，对他说："你到集市上去一下，看看今天早上都有什么货。"

约翰很快就从集市上回来了，并汇报说："到现在为止只有一个农民在卖土豆，一共40袋，价格是每斤0.75元，质量很不错。"他还带回来一个让老板看看。他又告诉老板说，昨天那个农民铺子里的西红柿卖得很快，库存已经不多了。他想这么便宜的西红柿老板肯定想购进一些，所以他不仅带回了一个西红柿做样品，而且把那个农民也带来了，他现在正在外面等回话呢。

此时老板转向了汤姆，说："你现在肯定知道为什么约翰的工资比你高了吧？"

汤姆面红耳赤，哑口无言。

凡是主动工作的人，必将获得工作所给予的更多的奖赏。约翰的主动和细致体现了一种高度的工作责任心，及其为人做事的良好品质，正是这些，为他赢得了老板的信任，在工作中创造出了更为广阔的发展空间。而与他形成鲜明对比的汤姆，是典型的只做老板交待的事的人。这种人不但不会主动去做老板没有交代的工作，甚至连老板交代的工作也要在一再的督促下才能勉强做好。这样的人或许可以躲过裁员，却很难得到晋升的机会。道理很简单：如果你只是尽本分，或者唯唯诺诺，对公司的发展前景漠不关心，你就无法获得额外的报酬，你只能得到属于你应得的那一部分——当然，这比你想象的要少。

如果你想获得更多的报酬，得到更大的发展空间，你就必须永远保持主动率先的精神，即使面对缺乏挑战或毫无乐趣的工作。当你养成了这种主动工作的习惯之后，你就可以用行动证明自己是一个勇于承担责任，值得信赖的人，一个能成为企业家和管理者的人。

现代社会，激烈的竞争环境呈现出越来越多的变数，在快节奏的商战中，即便能力再强的老板也不可能面面俱到，因此，任何一个公司都需要主动做事的员工，而那些事事等待老板的吩咐的员工，就好像站在危险的流沙上，早晚会被淘汰。

"出事了"，你行你就上

工作中只有两种行为：要么努力挑战困难完美执行，要么避重就轻推脱找借口。前者可以带来成功，而后者只能走向失败。

巴顿将军在他的战争回忆录《我所知道的战争》中曾写到这样一个细节：

"我要提拔人时常常把所有的候选人排到一起，给他们提一个我想要他们解决的问题。我说：'伙计们，我要在仓库后面挖一条战壕，8 英尺长，3 英尺宽，6 英寸深。'我就告诉他们那么多。我有一个有窗户或有大节孔的仓库，候选人正在检查工具时，我走进仓库，通过窗户或节孔观察他们。我看到伙计们把锹和镐都放到仓库后面的地上，他们休息几分钟后开始议论我为什么要他们挖这么浅的战壕。他们有的说 6 英寸深还不够当火炮掩体；其他人争论说，这样的战壕太热或太冷；如果伙计们是军官，他们会抱怨他们不该干挖战壕这么普通的体力劳动；最后，有个伙计对别人下命令：'让我们把战壕挖好后离开这里吧。那个老畜生想用战壕干什么都没关系。'"

最后，巴顿写道："那个伙计得到了提拔。我必须挑选不找任何借口地完成任务的人。"

无论什么工作，都需要这种不找任何借口去执行的人。对我们而言，无论做什么事情，都要记住自己的责任，无论在什么样的工作岗位上，都要对自己的工作负责。不要用任何借口来为自己开脱或搪塞，完美的执行是不需要任何借口的。

　　一位长期在公司底层挣扎，时刻面临着失业危险的中年人来看心理医生。医生问他发生了什么事，他神情激昂地说，我怎么也睡不着，想不通。然后开始抱怨公司老板如何不愿意给自己机会。

　　"那么你为什么不自己去争取呢？"医生说。

　　"我曾经也争取过，但是我不认为那是一种机会。"他依然义愤填膺。

　　"你能说得具体点吗？"

　　"前些日子，公司派我去海外营业部，但是我觉得像我这样的年纪，怎么能经受如此折腾呢。"

　　"为什么你会认为这是一种折腾，而不是一种机会呢？"

　　"难道你看不出来吗？公司本部有那么多职位，却让我去如此遥远的地方。我有心脏病，这一点公司所有的人都知道。"

　　医生无法确认这位先生是否真的得了心脏病，但他已经知道了这位先生的"病根"，那就是喜欢在困难面前为自己找借口。

　　于是，医生给他讲了一个与他的情形截然相反的故事，故事的主人公就是体育界的成功者罗杰·布莱克。

　　罗杰·布莱克的杰出并不在于他非凡的令人瞩目的竞技成绩——他曾经获得奥林匹克运动会400米银牌和世界锦标赛400米接力赛金牌。而更让人心生触动的是，所有的成绩都是在他患有心脏病的情况下取得的。

　　除了家人、亲密的朋友和医生等仅有的几个人知道其病情外，他没有向外界公布任何消息。带着心脏病从事这种大运动量的竞技项目，不仅很难有出色的发挥，而且有可能危及生命安全。在第一次获得银牌后，他对自己依然不满意。如果他告诉人们自己真实的身体状况，即使在运动生涯中半途而废，也会获得人们的理解的。但是罗杰却说："我不想小题大做。即使我失败了，也不想将疾病当成自己的借口。"作为世界级的运动员，这种精神一直存在于他的整个职业生涯中。

医生刚讲完罗杰·布莱克的事，这位中年先生就自己走出了医生的治疗室。

那些认为自己缺乏机会的人，往往是在为自己所面临的困难寻找借口。成功者不善于也不需要编制任何借口，因为他们能为自己的行为和目标负责，也能享受自己努力的成果。

在工作中，我们每个人都应该发挥自己最大的潜能，努力地工作而不是浪费时间寻找借口。要知道，公司安排你这个职位，是为了解决问题，而不是听你对困难的长篇累牍的分析。

习惯性的拖延者通常是制造借口与托词的专家。他们经常为没做某些事而制造借口，或想出各式各样的理由为事情未能按计划实施而辩解。"这个工作做起来难度太大。""客户不回信我有什么办法。""这段时间实在太忙，把这件事给忘了。""这么大的工程只给这么点时间，怎么可能完成。""什么样的工作条件出什么样的活。"等等，听上去好像是"理智的声音""合情合理的解释"，但不论借口是多么的冠冕堂皇，借口就是借口，它所能带给你的后果，一点也不会因你的借口如何完美而有丝毫改变。

在工作中找借口是最愚蠢的人都能想到的办法，更是世界上最容易办到的事情，如果你存心拖延逃避，你总能找出借口。找借口是一种很不好的习惯。出现问题不是积极、主动地加以解决，而是千方百计地寻找借口，你的工作就会拖沓，以致没有效率。借口变成了一面挡箭牌，事情一旦办砸了，就能找出一些看似合理的借口，以换得他人的理解和原谅。在一般情况下，我们找借口无疑是为了把自己的过失掩盖掉，心理上得到暂时的平衡。但长此下去，找借口成习惯，人就会疏于努力，不再想方设法积极进取了。

有多少人因为把宝贵的时间和精力放在了如何寻找一个合适的借口上，而耽误了自己的前程！有多少人因为工作不努力，不认真，一见困难就找机会推脱，一出问题就找借口掩盖，而错过了一次又一次挑战自我争取成功的机会！

罗斯是公司里的一名老员工，专门负责跑业务，业绩一直不错。只是有一次，他负责的一笔业务突然被别的公司抢先拿走了，给公司造成了一定的损失。事后，他向公司领导解释说，因为自己的腿伤发作，比竞争对手晚去了半个小时。公司领导知道他工作一直很卖力，而且腿伤也是因前几年出差伤的，所以并未对他有任何责备之意。

其实罗斯的腿伤并不严重，只有仔细去看才会觉得他有点跛，根本不影响他的形象，也不影响他的工作。可不幸的是，罗斯自此次用借口将责任推脱过去后，心里得意极了。以后每当公司要他出去联络一些困难较大的业务时，他都用他腿不行，不能胜任这项工作为借口而推诿。

公司领导开始还挺注重他的能力的，因为他经常推脱，时间一长，遂渐渐将他忘了，一有重大任务便委派别的人去做。罗斯见领导不再将一些困难的任务交给自己，心里还暗自庆幸自己的明智。心想，这种费力不讨好的任务，谁爱做谁做去，完不成任务那才丢人呢。

如此种种，罗斯将大部分时间和精力都花在如何寻找更合理的借口上，一碰到难办的业务能推就推，好办的差事能抢就抢。而无论什么样的业务一旦没有完成，他就找出种种借口为自己开脱。

一年后公司按绩效实行裁员，罗斯列在被裁名单的第一位。

公司领导将他叫进办公室，对他说："你为公司负过伤，以前干得也不错，公司最不该裁的就是你，但是你这一年都干了些什么？绩效几乎是零，而更重要的是作为一名老员工，你已在公司内部造成了负面影响……因此，公司只能让你走。"

罗斯刚要张嘴说什么，公司领导立即说道："你不要再对我讲什么理由，这一年我听够了，你到人事那办手续去吧。"

在任何一家公司或者企业中，那些企图靠种种借口来蒙混公司，欺骗管理者的人，最后只能落得像罗斯一样的下场。他们不尊重自己，却企求别人对他的尊重；他们不尊重工作，却梦想从工作中得到一切。这种毫无责任心的人在社会上也不会被大家信赖和尊重。

借口是对惰性的纵容。每当我们要付出劳动，或要作出抉择时，总想让自己轻松些、舒服些。这时借口总是在我们的耳旁窃窃私语，告诉我们因为某原因而不能做某事，久而久之我们甚至会潜意识地认为这是"理智的声音"。假如你有此类情况，那么请你做一个实验，每当你使用"理由"一词时，请用"借口"来替代它，也许你会发现自己再也无法心安理得了。

一个人在面临挑战时，总会为自己未能实现某种目标找出无数个理由。正确的做法是，抛弃所有的借口，找出解决问题的方法。因为，那些实现自己的目标，取得成功的人，虽然成功的原因各不相同，也并非都有超凡的能力和超凡的心态，但他们都有一个共同的特点：他们从不为自己的工作找借口。

成功不是等来的，而是靠自己创造的。人们常说，机遇偏爱有准备的头脑。在生活中，我们要时刻让自己站在前排，主动一点，机会来了要抓住，这样成功的几率会大得多。

南宋时的虞允文本来是一个文官，是个从没带过兵打过仗的书生。但他临危受命，义不容辞，居然指挥宋军挫败强大的金军，取得采石大捷。

1161年，海陵王调集了40万兵马，分为4路，大举南侵，妄图一举消灭南宋。10月，海陵王已率领大军进抵长江北岸的和州（今安徽和县）。这时，宋将王权已经被罢官，新将领还没有到任，叶义问也逃到了建康（今江苏南京）。没有统帅的将士们零零散散地坐在路旁，士气十分低沉。

中书舍人虞允文正好到采石犒军，看到将士们垂头丧气，马鞍、盔甲扔在一边，就着急地问："现在大敌当前，你们还坐在这儿等什么？"

将士们抬头一看，见他斯斯文文，是个文官，就爱理不理地说："将官们都溜之大吉，不知去向，我们还打什么仗。"

虞允文虽是个文官，但骨头还是很硬的，属朝中坚定的抗战派。他召集众人说："我是奉朝廷之命到这里来慰劳大家的。你们只要为国杀敌，我一定上报朝廷，论功行赏。我虽然是一介书生，也要拿着马鞭跟随在你们的身后，看诸位杀敌立功！"

将士们见他慷慨激昂，顿时振作起来，他们纷纷表态说："我们也吃够了金兵的苦，谁愿意当亡国奴呢？现在有您出来作主，我们一定拼命杀敌，为国立功！"

这时候，虞允文手下的幕僚却在一旁向他使眼色，悄悄地对他说："别人把局势弄得一团糟，你何苦做替罪羊，来指挥这场战争呢。"虞允文听了，气愤地说："不要说了！国家已经危急到了这种地步，我怎能坐视不管呢！"

虞允文立即视察了江边的形势，对防务作了周密的部署。他下令步兵、骑兵都整好队伍，排开阵势；又把兵船分为五队，两队停泊在东西两侧岸边，另外两队隐蔽在港汊里作后备，最精锐的一支驻在长江中流，内设奇兵，准备冲撞敌舰。

这边刚部署完毕，北岸的金兵就擂响战鼓，呐喊着冲了过来。转眼间，70多艘战船已经冲到了南岸。宋兵为了避开金兵凌厉的势头，稍稍后退了一些。虞允文见此情形，便亲切地拍着统制将领时俊的后背，和颜悦色地对他说："久闻将军胆识过人，远近闻名。今天怎么像小儿女一样站在船后，这样只怕你一世的威名都要扫地了。"

时俊受到主将的激励，热血沸腾，立即跳上船头，手拿双刀，与敌人拼命厮杀起来。士兵们一看主帅和将领都如此英勇，也争先恐后地上前与金兵搏斗。

最终，这场采石矶大战以宋军的全面胜利而告终。海陵王也在退兵途中被杀。

虞允文一介书生却立了赫赫战功，正是因为在危难时刻，他勇担重任，才会激发自己如此大的潜能。所以说，做人不要消极等待机会，要时刻处于起跑的状态。到了关键时刻，挺身而出，让自己站在前排，展现自己的才华。这样，你永远不乏成功的机会。

[第8章]
循序渐进　好好做事，不要急于求成

　　做事急急忙忙会忽略细节，慌张的情绪还会影响对关键问题的判断。都说心急吃不了热豆腐，其实做事也是一样的道理，要积少成多，循序渐进。正如华罗庚所说的："面对悬崖峭壁，一百年也看不出一条缝来。但用斧凿，能进一寸进一寸，得进一尺进一尺，不断积累，飞跃必来，突破随之。"

做事莫急，慢慢来

在美国科罗拉多州琅峰的斜坡上，倒下了一棵大树。据博物学家说，这棵巨树的年龄约为四百岁，枝叶葱茏，参天蔽日，在四百年的悠长岁月之中，遭遇了十四次雷击、无数次雪崩、无数次狂风暴雨，仍然屹立不动，可是最后却被甲虫吃倒。甲虫成群结队，不停地从树皮蚕食到树心，使这棵尚在盛年的巨木轰然倒下。

闪电不可谓不凶，狂风不可谓不猛，暴雨不可谓不疾，但它们都没有将大树打倒，而大树最终却倒在了小甲虫的嘴里，为什么呢？因为闪电、狂风、暴雨虽威力无边，但它们却缺乏持久性；甲虫虽小，但它们却能一步一步地干下去，不放弃不停顿，终成大事。

从这个故事中，我们可以得到这样一个启示：力量薄弱的小人物，只要能够坚持不懈地向着目标进发，每天进步一点点，一样可以成就大事，完成大人物所不能完成的事。

日行千里而一劳永逸，不如日行百里而勤力不息。无论你的起点多么低，只要不停留在今天的成就上，你的人生都将达到一个常人难以企及的高度。

齐白石本是个木匠，后来靠着自学成为画家，并荣获国际和平奖金，然而他始终不满足于已经取得的成就，不断汲取历代名画家的长处，改变自己作品的风格。他60岁以后的画，明显地不同于60岁以前；70岁以后，他的画风又变了一次；80岁以后，他的画风再度变化。据说，在齐白石一生中，画风至少变了五次。即便他已到 80 高龄，还每日挥毫不辍。有时，来了客人或他身体不适，不能作画，过后他也一定补画。正因为齐白石在成功之后仍然马不停蹄，所以他晚年的作品比早期的作品更为成熟，形成了独特的流派风格。

自满将导致停滞，它是前进的终点。但是，如果你想取得常人难以企及的成功，你就永远要将现在当起点，不能因已有的成就志得意满。否则，你很快就会被那些更勤奋的人超越，成为落伍者。永远不让"发动机"熄火，在取得一点成就后，不断地给自己加压，以更大的热情去获得新的成就，这正是成功的要点。

当你制定了行动计划并且迈出了第一步之后，目标就已经开始向我们招手。可是，随之而来的是许多意想不到的困难和障碍，对我们的智慧、意志和毅力进行各种挑战和考验。这时，你也许会找到一些借口让自己松懈，退缩甚至放弃，但是，能够成功达成目标的唯一选择是：一步一步地走下去，没有任何借口。

许多人做事总想一开始就看见成果：做生意想一开始就赚钱，打工想一开始就受到老板重用……一旦不顺利，就怀疑自己最初入错了行，选错了公司，一门心思想放弃。

在现实中，很多人贪多图快，总想一举成功，这是一种可怕的暴发户的心理。事实上，多数工作需要人的耐心。你一点一滴地去做，才能稳稳当当地获得工作的成果，否则，便会陷入一种尴尬的境地：不甘心放弃，但又没决心前进。

俗话说：欲速则不达。恨不得马上成功的想法是不现实的。你只能一点点积累成功条件，就像烧开水一样，一点点升温，最后你的事业终究会沸腾起来。

做事要经得起考验

有多少奋斗者，付出了艰辛的努力，走完了九十九公里，却在最后一公里放弃，留下无尽的遗憾。

难道他们是傻瓜吗？不是，因为他们被一种自然现象所迷惑。我们都知道，走路是最后一公里最难走，做事是最后五分钟最难熬，在你精疲力竭时，如果你不知道离目标只差一公里，就很可能认为自己已无能为力，因而颓丧地打消了继续的念头。

那些"行百里半九百"者，正是这样跟成功说"拜拜"的。他们已经尽力，能力也足以成大器，照说应该成功了，心里抱着很大的期望，谁知非但未能成功，反而遇到极大的障碍。这种反常现象，难免让他们对自己做出消极评价。而事实上，他们跟成功只差最后一公里，只要再坚持一下，即可大功告成。如果放弃，就太可惜了！

史蒂芬·金热爱写作，希望成为作家，工作之余总是不停地写，打字机噼啪声不绝于耳。他把节省下来的钱全部用来支付邮费，寄原稿给出版商和经纪人。

但他的作品都被退回了。退稿信很简短，非常公式化，他甚至不敢确定出版商和经纪人究竟有没有真的看过他的作品。

最后，他写出自己极得意的一部作品，他认为这部作品已把自己的灵感和能力发挥到了极致，而且看过的人都说写得很好。他满怀希望地把原稿交给了皮尔·汤姆森。几个星期后，他收到汤姆森一封热诚亲切的回信，说原稿的瑕疵太多。不过汤姆森相信他有成为作家的希望，并鼓励他再试试看。

在此后 18 个月里，史蒂芬·金又给编辑寄去了两份稿子，都被退回来了。

他开始写第四部小说，不过由于生活过于窘迫，经济上左支右绌，他准备放弃。他认为自己已经尽力，不可能写得更好，既然还是不能满足别人的要求，可见自己根本没有这方面的天赋。既然如此，还是脚踏实地出点力气养家糊口吧。他长叹一口气，把书稿扔进垃圾桶。

第二天，妻子在垃圾桶中发现了这部稿子，把它捡了回来，并对他说："你不应该半途而废，特别是在你快要成功的时候。"

他看着妻子坚定的目光，又想起皮尔·汤姆森编辑的话，于是他坚定了信心，每天坚持写 1500 字。

小说写完了以后，他把小说寄给了汤姆森，并做好了再次修改的准备。可是这次他等到的是汤姆森出版公司预付给他的 2500 美元。

于是，一部经典恐怖小说《魔女嘉莉》诞生了。

这部小说后来销了 500 万册，并摄制成电影，成为 1976 年最卖座的电影之一。

当一个人已经付出艰辛努力之后，成功事实上已经在并不遥远的地方，至少没有他想象的那么遥远，这时候的放弃，意味着前功尽弃，尤为可惜，这比你从来没有开始损失更大。

所以，当你向目标进发，感到困难重重、难以突破时，要想到，你离目标只有最后一公里，只要不半途而废，再努力一把，前面就是一片你渴望已久的胜景。

没有一蹴而就的事

俗语说：罗马不是一天建成的。实现人生的目标也绝非一蹴而就，它是一个不断积累的过程。矢志追求者必须勇于从平凡中崛起，在长期的积累中丰富人生智慧，孕育自己的优秀。

在 1984 年的东京国际马拉松邀请赛中，名不见经传的日本选手山田本一出人意外地夺得了冠军。当记者问他是如何取得如此惊人的成绩时，他说了这么一句话：用智慧战胜对手。当时许多人都认为这个偶然跑到前面的矮个子选手是在故弄玄虚。马拉松赛是注重体力和耐力的运动，只要身体素质好又有耐性就有望夺冠，爆发力和速度都在其次，说用智慧取胜简直有些开玩笑的意思。于是，当时的报纸充满了对山田本一的嘲讽。

没想到两年后，在意大利国际马拉松邀请赛上，山田本一代表日本参加比赛。这一次，他又获得了冠军。

这次记者又请他谈经验。他回答的仍然是上次那句话：用智慧取胜。面对这位名将，这次记者在报纸上没再挖苦他，但对他所谓的智慧仍迷惑不解。

10 年后，这个谜终于被解开了，他在自传中是这么说的：在每次比赛时，我都要乘车把比赛的线路仔细地看一遍，并把沿途比较醒目的标志画下来，比如第一个标志是银行，第二个标志是一棵大树，第三个标志是一座红房子……这样一直画到赛程的终点。

当比赛开始后，我就以百米的速度奋力地向第一个目标冲去，等到达第一个目标后，我又以同样的速度向第二个目标冲去。40多公里的赛程，就被我分解成这么几个小目标轻松地跑完了。起初，我并不懂这样的道理，我把我的目标定在40多公里外终点线上的那面旗帜上，结果我跑到十几公里时就疲惫不堪了，我被前面那段遥远的路程给吓倒了。

在现实生活中，我们做事之所以会半途而废，这其中的原因，往往不是因为难度较大，而是我们觉得离成功较远，确切地说，我们不是因为失败而失败，而是因为倦怠而失败。

如果我们按照山田本一的方法和智慧对待生活，在一生中就会减少许多懊悔和惋惜。只有把目标与日常的工作结合起来，这样才能使自己的人生价值得以实现，而不要让自满、消极、得过且过等念头磨损了斗志，一辈子做一个可有可无的庸人。

我们也是一样，要实现卓越的人生，就要注重在平时工作中的积累。为了要达成大目标，就要先设定小目标，这样会比较容易达到目的。许多人会因目标过于远大，或理想太过崇高而轻易放弃，这是很可惜的。若设定了小目标，便可较快获得令人满意的成绩。你在逐步完成"小目标"时，心理上的压力也会随之减小，大目标总有一天也能完成。

成功学大师卡耐基说，成功人士和平庸之辈的差别，就在于前者注重积累，注意利用身边的每一件点滴小事来锻炼自己，将生活中一个个平凡的目标当成自己实现卓越的阶梯。而平庸之辈只会好高骛远，轻率冒进，或者因为目标过于困难而放弃了奋争的勇气。

耐心是等待时机成熟的一种成事之道，反之，人在不耐烦时，往往易变得固执己见，粗鲁无礼，使别人感觉难以相处，更难成大事。当一个人失去耐心的时候，也失去了明智的头脑去分析事物。所以，做任何事，都要抱有一份耐心，先打好基础，筹划好资本，然后再着手行动。

大丈夫就应当能屈能伸。在山穷水尽之时，忍辱负重，守静待时；在柳暗花明之时，持力而为，繁荣人生。

勾践在会稽之战，为吴王夫差所擒，蒙受了常人难以想象的屈辱。被释放后，他念念不忘会稽山之耻，想要在会稽山建城郭，重立都城，就把这事情交给范蠡承办。范蠡日察地理，夜观天文，造成了一座新城，团团围会稽山入内。西北方在卧龙山上立了飞翼楼，示为天门；又在东南方挖了漏石窦，示为地户。外郭长长绵延十数里，却单独留了西北一个豁口，称道"已臣服于吴，不敢壅塞贡献之道"，表现出服软姿态，其实则是为了异日进取姑苏之便。

制度俱备，勾践迁入新都，对范蠡道："我实不德，竟然失国亡家，为吴奴役，如果不是大夫相助，又怎会有今日？"范蠡道："此乃大王之福，非我之功，只要大王时时不忘石室之苦，终有一日越国当兴，吴仇得报。"勾践大喜，封了范蠡为相国，又授了大将军，专治军旅；再封文种和计然二人为大司马，辅治国政，尊贤礼士，敬老恤贫。越国上下一片欢呼。

勾践急切要复仇，苦身劳心，夜不倦卧。他命人采了大批柴薪，积成丈高，夜夜栖息上面，不用床褥，又命人悬一苦胆于坐卧之所，饮食起居，必取而尝之。

这还不止，勾践自己每出游，必载饭与羹于后车，遇到年幼的小童，取饭羹哺之，问其姓名。遇耕时，躬身秉耒，夫人自织，与民同苦。七年不收赋税，食不加肉，衣不重彩。

20年后，在勾践如此的忍辱负重，励精图治下，越国渐渐强大起来，有了近乎称霸的资本，于是向吴国大举兴兵复仇。一天夜里，范蠡悄悄带了右军，在离吴营不足十里处伏下；文种又带了左军，溯江而上五六里以待吴兵；勾践自率了中军，鼓声震天，强袭吴营。

结果吴国大败，吴王投身烈火自尽。

这个"卧薪尝胆"的著名故事向来被当作"韬光养晦"的案例来讲。其实这里面也蕴含着"欲速则不达"的道理。

想做大事，巧遇机会是非常重要的。忍住性情，等待时机成熟再出手才是智者的选择。

当然，忍耐绝不是被动的等待。等待者将成败寄托于所谓"天时"，而不去努力增强实力，制造机会，其结果，是在漫长的等待中逐渐消磨了雄心壮志。忍耐者在忍耐过程中，积极筹集成大事的资本，准备卷土重来的条件。一旦力量足备，即可一举扭转劣势，反败为胜。正可谓："苦心人，天不负，卧薪尝胆，三千越甲可吞吴"。

做人做事不能急功近利。马上就想得到回报是难成大器的。做了一点工作很快就要报酬，那只能给人当员工；做了一点好事就想有好报，那只能到街头打零工。想成大事的人，喜欢长线投资，追求未来更大的回报。

美国可口可乐公司，为了打开中国市场，不是一开始就向中国倾销商品，而是采取"欲将取之，必先予之"的办法。先无偿向中国提供价值400万美元的可乐灌装设备，花大力气在电视上做广告，提供低价浓缩饮料，吊起对方的胃口，使对方乐于生产和推销美国的可乐，而一旦市场打开，再要进口设备和原料，他就要根据对方的需要情况来调整价格，抬价收钱了。

十几年来，美国的可口可乐风行中国，生产企业由一家发展到8家，销量、价格也成倍增长。美国商人赚足了钱，无偿给中国设备的投资早已不知收回几倍，这就是先让对方尝到些甜头割舍不掉，然后再实施自己的计划，这种欲擒故纵之术，在商场中比比皆是。

岛村芳雄年轻时在东京一家材料店当店员。后来他独立创业，经营绳索业务。他认为自己毫无业务基础，只能靠诚意招徕客户。

他从冈山的麻绳厂家以每条0.5日元的价格买进麻绳，又按同样的价格卖给东京一带的纸袋工厂。这样不但无利，反而损失了若干运费和业务费。

亏本生意做了一年后，"岛村的绳索确实便宜"的名声远扬，订货单像雪片一样飞来。这时，岛村拿着进货单据找订货客户，要求提高价格。他说："到现在为止，我一毛钱也没赚你们的。如果让我继续这样为你们服务的话，我只有破产一条路可走了。"客户们既惊讶又感动，主动把每条麻绳的订货价格提高为 0.55 日元。

岛村又到冈山找麻绳厂商商量："您卖给我的绳索，我一直是照原价卖给别人的，因此才得到现在这么多的订单，希望您适当降价。"冈山的厂商一看他开给客户的收据存根，都大吃一惊，一口答应将单价降到每条 0.45 日元。

这样，一条绳索的差价就有 0.10 日元。岛村每天的成交量有 1000 万条，也就是说，每天的毛利润高达 100 万日元。

两年后，岛村芳雄已名满天下。现在，他已是多家产业公司和物业公司的老板。

《道德经》说："将欲取之，必先予之。"这种方法用到生意上，也很有效。因为世界上任何事情都像是一种交易，有付出必有收获，有收获必有付出，"一手交钱，一手交货"。只不过有时也会发生"失之东隅，收之桑榆"的意外情况。而且，先交钱还是先交货，也有一定讲究。作为商人，本是做交易的，在交易观念不够强的顾客面前，当然应该先予后取。如果你这样做，生意自然会找上门来。

稳住，我们就能赢

没有什么恶劣的环境能永远囚禁一个有着坚强意志的人。也许你再多坚持一秒，成功就会降临。不要为你的放弃找借口，最关键的是你还没有坚强的意志力。

有能力做某件特别或独特的事是一回事，做不做得到是另外一回事。在当今庞大的失败群体里面，有着大量未被开发的潜力。为什么拥有潜力的人却没能让自己成功呢？

你说你希望不虚此生，你说你有雄心努力向上，那你为什么不付诸行动呢？你在等什么？是什么阻止了你？回答这些问题你会找到答案。唯一的答案就是你自己。没有什么在阻止你，是你自己在阻止自己。机会在每个人的手上，也许你所拥有的机会远比成千上万个已经取得了成功的人曾有过的机会要好得多。

要靠你自己去找出问题所在。是肌体上的原因还是精神上的原因？你缺少体力吗？如果你真的缺少体力，那么你的生命力和意志就虚耗了。你有足够的教育吗？你所受的培训对于你的职业来说足够了吗？你知道是什么弱点使你不能得到你梦想渴望的一切吗？经常是一些细小，看似不重要的个人弱点像链锁一样拖住了人，使之不能实现他们的雄心。

许多人缺少取得成功的意志。

不要找一些愚蠢的借口，比如说：你没有机会，没有人帮助你，没有人吹捧你,没有人拉你一把,没人让你变得重要,没人告诉你出路。如果你有潜力,如果你真的称职,你就会在找不到路的时候开创出一条路来。

是生命中的各种困难磨练了我们的体能和神经,增强了我们的勇气和力量。使得生命有意义的是人的行动,发明或是创造,英勇的行为,产业的进步,科学,艺术,这一切都是生活在气候反复无常地区的人们克服了无数困难,历经严寒与酷暑,通过与自然的恶劣条件斗争而取得的成果。

那些等待优厚条件或环境的人,会发现成功无论是在哪个领域都不是一蹴而就的事情。那些能够排除环境干扰,在逆境中奋起,当别的人说他不行的时候仍能勉力胜出,实现"不可能"之事的人,那些能排除阻碍的人,将能够得到世界。为什么?因为克服困难的努力锻炼了他的力量,而这一力量将一步一步将他带向成功。

逆境是锻炼人的意志的好机会,它能促成一个有决心的人走向成功。

一个人把他在进取道路上所遇到的困难和不可能做到的事情看得越大,他取得成功的努力就会受到更多的限制。对一些人来说,他们看到前面的路充满了各种障碍、困难和无法做到的事,他们便什么也不去做;但也有另外的一些人,他们觉得自己比试图要阻止他们,试图要把他们束缚住,将他们绊倒的困难要强大得多,他们甚至根本就不会注意到这些绊脚石。

比如在现实生活中就有这样一个人,他习惯性地认为事情不可能做得成,几乎任何一种困难都能把他难倒。除非他能清楚地看到通向他目的地的路,否则他一步也不敢向前走。如果他看到前面有困难,他就会失去信心,放弃去做他想要做的事。如果你让他去做任何具有挑战性的工作,他就会说:"嗯,我想我做不来,事实上,这是不可能做到的。"其结果就是他不会在任何方面取得进步,永远不会。

如果你正在努力做某件事,暂时不能挪开路上挡住你的石头,不要紧,不必感到沮丧。那些在远处看起来大得吓人的困难在你走近的时候会渐渐变小。只要你有足够的勇气与自信，随着你不断前进，道路会为你而展开。阅读那些伟大人物的生平，他们从奋斗的开始就在清理道路上的障碍，与他们所遭遇的困难相比，你的困难会相形见绌。坚定你对自己的信心，你就能削弱困难程度。生命的成功和效率取决于坚定、持久的决心以及做我们心里想做的事的能力。义无反顾地投身于我们的目标，不偏左也不偏右，哪怕伊甸园试图诱惑我们，失败和灾难在威胁我们。

据与尤里乌斯·恺撒同时代的人说，恺撒的胜利与其说是由于其军事才能，不如说是由于他的努力和决心。有一种人，他们决定要充分利用他们的眼睛，决不让任何前进时可能用得到的东西逃离他们的眼睛；他们的耳朵也随时都在倾听能够帮助他们的声音；他们的手总是张开着，以随时抓住每一个机会；对能够帮助他们在这世界上发展的一切事情他们都小心在意；收集人生的每一种经历，用来组成他们生命的伟大图画；他们的心灵也总是敞开着，以接受伟大的启示以及所有能激发灵感的东西。这样的人一定会有成功的人生。对于这一点是没有什么"如果"或者"但是"的。这样的人只要有健康的身体，没什么能阻止得了他们最后的成功。

上天总是站在有决心的人的一边。意志总是能开创出一条路来，即使是在看起来不可能的地方。半臂的间隔将决定谁能在比赛中胜出；能行军更远的人将赢得战役的胜利；再多坚持 5 分钟不退缩的意志将赢得战斗。

积少成多的做事规律

有些人做事重大略小，因而一事无成。真正的成事之道是：不急于做大事，而重在做小事。所谓从大处着眼，小处着手就是：看问题要识整体，做事情要具体。换言之，做事情绝不能只有大的想法而无小的手法。这就需要你在做事时留心细微之处。

维斯卡亚公司是美国 20 世纪 80 年代最为著名的机械制造公司，其产品销往全世界，并代表着当时重型机械制造业的最高水平。许多人毕业后到该公司求职遭拒绝，原因很简单，该公司的高技术人员爆满，不再需要各种高技术人才。但是令人垂涎的待遇和足以自豪、炫耀的地位仍然向那些有志的求职者闪烁着诱人的光环。

詹姆斯和许多人的命运一样，在该公司每年一次的用人测试会上被拒绝了申请，其实这时的用人测试会已经是徒有虚名了。但詹姆斯并没有死心，他发誓一定要进入维斯卡亚重型机械制造公司。于是他采取了一个特殊的策略——假装自己一无所长。

他先找到公司人事部，提出为该公司无偿提供劳动力，请求公司分派给他任何工作，他都不计任何报酬来完成。公司起初觉得这简直不可思议，但考虑到不用任何花费，也用不着操心，于是便分派他去打扫车间里的废铁屑。一年来，詹姆斯勤勤恳恳地重复着这种简单但是劳累的工作。为了糊口，下班后他还要去酒吧打工。这样虽然得到老板及工人们的好感，但是仍然没有一个人提到录用他的问题。

1990 年初，公司的许多订单纷纷被退回，理由均是产品质量有问题，为此公司将蒙受巨大的损失。公司董事会为了挽救颓势，召开紧急会议商议解决办法，当会议进行一大半却尚未见眉目时，詹姆斯闯入会议室，提出要直接见总经理。在会上，詹姆斯把对这一问题出现的原因作了令人信服的解释，并且就工程技术上的问题提出了自己的看法，随后拿出了自己对产品的改造设计图。这个设计非常先进，恰到好处地保留了原来机械的优点，同时克服了已出现的弊病。总经理及董事会的董事见到这个编外清洁工如此精明在行，便询问他的背景以及现状。詹姆斯面对公司的最高决策者们，将自己的意图和盘托出，经董事会举手表决，詹姆斯当即被聘为公司负责生产技术问题的副总经理。

原来，詹姆斯在做清扫工时，利用清扫工到处走动的特点，细心察看了整个公司各部门的生产情况，并一一作了详细记录，发现了所存在的技术性问题并想出解决的办法。为此，他花了近一年的时间搞设计，做了大量的统计数据，为最后一展雄姿奠定了基础。

吃得苦中苦，方为人上人。在刚步入社会的时候，不妨放下架子，甘心从基础干起。

米查尔·安格鲁是一位著名的雕塑家。有一天，安格鲁在他的工作室中向一位参观者解释为什么自这位参观者上次参观以来他一直忙于一个雕塑的创作。他说："我在这个地方润了润色，使那儿变得更加光彩些，使面部表情更柔和了些，使那块肌肉显得更强健有力，然后，使嘴唇更富有表情，使全身显得更有力度。"

那位参观者听了不禁说道："但这些都是些琐碎之处，不大引人注目啊！"

雕塑家回答道："情形也许如此，但你要知道，正是这些细小之处使整个作品趋于完美，而让一件作品完美的细小之处可不是件小事情啊！"

那些成就非凡的大家总是于细微之处用心，于细微之处着力，这样日积月累，才能渐入佳境，出神入化。

应关注未做完的小事，如任其积累，它们会像债务一样令人焦虑不安。应该先做小事，而不是先做大事，就好像应该先偿还小额债务，再偿还巨额债务。一旦我们不停地关注那些我们能够完成的小事，不久我们就会惊异地发现，我们不能完成的事情实在是微乎其微的。

大智慧需要从大处着眼，小处着手。千里之行，始于足下。认真做好小事，精益求精是打开成功之门的金钥匙。

[第9章]
抱诚守真 真诚做事很重要

　　诚实、正直和善良，虽然不是命运攸关的东西，但却是一个人品格的本质所在。具有这种品质的人，一旦和坚定的目标结合起来，他就有了无比强大的力量。他就有力量做好事，有力量战胜各种困难和不幸。

表达十二万分的诚意

刘备"三顾茅庐"，对诸葛亮何等敬重，而诸葛亮"鞠躬尽瘁，死而后已"，也报答了刘备的知遇之恩。那些优秀人才是不会只为几个钱为别人卖命的，你想让别人竭诚效力，就必须对他们予以足够的尊重。

菲力斯东是美国燧石橡胶公司的创始人。在公司刚成立时，设备十分简陋，只有屈指可数的几个工人，而且研制工作进展得很不顺利。

一天，在一家酒店里，菲力斯东遇到了一位落魄的发明家罗唐纳。此人曾取得新式橡胶轮胎的发明专利权，并拿着设计图样和专利证书去找正在开发新产品的橡胶巨子史道夫。罗唐纳满以为能高价卖出自己的专利或得到史道夫合作生产的认可，没想到，他得到的只是一个侮辱。史道夫轻蔑地看了一下他的图样，便一下甩在地上，说他是个骗子，随便寻来一些小孩子都可以弄的玩意儿来骗他的钱。罗唐纳气得眼泪都出来了。为了证明自己不是骗子，他拿出了专利证书。史道夫不屑一顾地瞥了一眼专利证书，揉搓几下又塞进罗唐纳的口袋里，说这是吓唬土包子的，审查专利的都是些外行。

罗唐纳受此大辱，内心很受打击，发誓今后再也不搞发明，终日以酒浇愁，穷困潦倒。

菲力斯东听说罗唐纳有一个发明专利，顿时兴起合作的念头，忙上前与他攀谈。谁知罗唐纳只是冷冷地瞥了他一眼，根本不理睬。因为罗唐纳所受的那次羞辱被人们当成笑谈，使他的性格变得更孤僻，对任何人都不敢信任。

菲力斯东不愿放过这个机会，第二天专程到罗唐纳家拜访，却被拒之门外。

菲力斯东想，一个有才能的人在受到打击之后变得孤傲、冷漠，不是很自然的事吗？那么，自己一定要用诚意打消他的疑心。于是，他蹲在罗唐纳门外，耐心地等待罗唐纳回心转意。他不吃不喝，整整等了一天，又饿又累，几乎支持不住了。

到了下午六点多钟，罗唐纳终于出来了。菲力斯东大喜过望，猛地站起来，正要迎上前去，突然眼前一黑，险些栽倒在地。幸好罗唐纳急步赶到他面前，将他搀扶住。

罗唐纳终为他的诚意所感动，决定帮助他大干一场。后来，菲力斯东运用罗唐纳的发明，制成了蓄气量很大而且不易脱落的橡胶轮胎。产品上市后，受到广泛的欢迎。凭借这一基础，燧石橡胶轮胎公司迅速发展壮大，成为美国最大的轮胎公司之一。

在现实中，很多老板抱着"我有钱还怕请不到人"的心理，总认为是自己给别人提供了一个工作机会，认为员工理所当然应该竭诚报答自己，对员工的辛劳毫无感激之意。抱着这种雇佣的心态，是用不到优秀人才的。只有抱着合作的心态，以心结心，以情感义，才能真正培养一支忠诚敬业的员工队伍。

信任危机止于谁

做人无信不立，别人也许不小心吃了一次亏，却不表示他会继续吃一百次亏。

果菜外销一向是中国外汇收入庞大的来源，大市场一天的成交量可达上亿元人民币，在国际经济中占据重要的地位。

近几年，流行起养生风，人们开始喜欢吃绿色蔬菜，由于中国的气候环境特别适合培育山野菜，因而所种出的山野菜十分新鲜甘甜，利润丰厚且供不应求，是农民重要的生财之道。

麻烦的是，山野菜的最佳收成时间只有十天左右，采收完毕之后，还要摊在阴凉处晾晒一天，隔天翻面再晒一天，把水分充分蒸发。如此一来，主妇们买回去之后，只需要再用冷水浸泡一下，就可以吃到又鲜嫩又青脆的山野菜了。

但是种山野菜的农地有限，于是一些农民开始想办法增加山野菜的收成，不管三七二十一，只要长到了适当的大小就采集下来。而且，为了省去晾晒的时间，干脆直接放在炉子上烘烤，不到两个小时便干透了。

这些赶工出来的山野菜，外表看来并没有什么不同，只是食用时，不管在水里浸泡多久，还是一样又老又硬，难以下咽。

经销商纷纷提出抗议，可是这些农民还是屡劝不听，商人只好对山野菜进行全面封杀。

最后，这些农民投机取巧的行为不但没有增加收益，反而换来了一堆卖不出去，又难以下咽的山野菜。

当你认为自己很聪明的时候，请记得别人也不会是笨蛋。

对人诚信也就等于让自己好过，投机取巧或许能得到眼前的小利，却将失去更重要的信誉和大利。

人活在世上不只一天，而是一生，该担心的也不只是明天，还有往后的许多年，与其今天好过，不如将来日日都好过。

三国时代，征战连年。有一回，蜀、魏两军于祁山对峙，诸葛亮所率领的蜀军只有十多万，而魏国的司马懿却率有精兵三十余万。

当两军交锋时，蜀军原本就势单力薄，偏偏在这紧急关头，军中又有一万人因兵期将到，必须退役还乡，一下子少了许多兵力，这对蜀军来说无疑是雪上加霜。

服役期满的老兵也都归心似箭，忧心大战将即，可能有家归不得。两相权衡之下，将士们向诸葛亮建议，让老兵延长服役一个月，待大战结束后再还乡。

这似乎是最好的办法了，但是诸葛亮却断然地否决道："治国治军必须以信为本，老兵们已为国鞠躬尽瘁，家中父母妻儿望眼欲穿，我怎能因为一时的需要而失信于军，失信于民呢？"于是下令所有服役期满的老兵速速返乡。

老兵们接获消息，感动不已，个个热泪盈眶，想到如果自己就这么走了，岂不是弃同胞和家国于不顾？

丞相有恩，军民也当有义，此时正是用人之际，于是，老兵们决定上下一心，打赢最后一场战争再走。

老兵的拔刀相助，大大振奋了其他在役的士兵，大家奋勇杀敌，士气高昂，抱着必胜的决心，在诸葛亮的领导下势如破竹，赢得了这场战争的胜利。

与其说诸葛亮神机妙算，不如说他以诚待人，贯彻始终，因此深得军心，是为一代名帅。处困厄而不改其志者，他的志向不会朝楚暮秦，随风转舵，他的成就自然也非一时一刻，而是细水长流，源源不绝。

越是在紧急的时刻，越能看出一个人的品德。最大的考验往往不是来自外界，而是取决于自己；最重要的评价也不是别人怎么说，而是如何面对自己的良心。

我国古代诚实守信的例子有很多，比如曾子杀猪的故事。有一天早上，曾子的老婆到市集买东西，带在身边的儿子要妈妈买熏猪肉吃，为此哭闹不休。

街上的人很多，大家都好奇地看着这对母子，曾子的老婆觉得难为情，为了安抚儿子的情绪，便哄着他说："别哭了，你先回去，等会儿我回到家里，再杀猪给你吃。"

孩子听到有肉可吃，便止住了哭声，乖乖地回家去了。

当曾子的老婆从市集回来，一踏进家门时，便听见猪的嚎叫声，没想到曾子正准备动手杀猪。

曾妻连忙制止他说："相公，你为何要杀猪？"

曾子说："你不是答应儿子要杀猪吗？"

曾妻连忙挥挥手说："唉呀，我只不过是哄哄他。"

曾子听了老婆的话，满脸严肃地说："你怎么可以如此？孩子是无知的，他们只会模仿父母的一举一动，听从父母的教导，这么欺骗他，不是教他学会说谎吗？一旦你欺骗了儿子，咱们的孩子以后便不会再相信我们，这样的教育方式，怎么能教出好孩子呢？"

于是，曾子毫不迟疑地立即动手，将那头猪杀了，让儿子开心地吃了一顿丰盛的大餐。

的确，我们不应该亵渎我们所作出的每一个承诺。因为，我们的承诺将会影响我们周围的亲朋好友。甚至极端一点，我们的承诺也许会改变他们的人生，那么我们又怎么能够不认真对待我们的承诺呢？尤其是当我们有一天成为父母教育我们的孩子的时候，更应当成为信守承诺的榜样。

从前，有一位贤明且受人爱戴的老国王，由于他没有孩子，以至于王位没有继承人。有一天，他宣告天下："我要亲自在国内挑选一个诚实的孩子做我的义子。"

他拿出许多花的种子，分发给每个孩子，说："谁用这种子培育出最美丽的花朵，那孩子就是我的继承人。"

于是，所有的孩子都在大人的帮助下，播种，浇水，施肥，松土，照顾得非常尽心。

其中，有一个男孩，整天用心培育花种。但是，十天过去了，半个月过去了，一个月过去了……花盆里的种子依然如故，不见发芽。

男孩有些纳闷，就去问母亲。

母亲说："你把花盆里的土壤换一换，看看行不行。"

男孩换了新的土壤，又播下了那些种子，仍然不见发。

国王规定献花的日子到了，其他孩子都捧着盛开鲜花的花盆涌上街头，等待国王的欣赏。只有这个男孩站在店铺的旁边，手捧空空的花盆，在那流着眼泪。

国王见了，便把他叫到跟前，问道："你为什么端着空花盆呢？"

男孩如实地把他如何用心培育，而种子却都不发的经过，详细地告诉给了国王。

国王听完，欢喜地拉着男孩的双手，大声叫道："这就是我忠实的儿子。因为我发给大家的种子，都是煮熟了的。"

后来，这个男孩继承了国王的王位。

有一句俗谚说："一两重的真诚，其值等于一吨重的聪明。"

其他的孩子也一定和这个男孩遇到了同样的情况，发现种子始终不发芽，他们也一定和这个男孩一样，去求教于自己的父母，但是只有这个男孩的母亲，以身作则教导了自己的孩子，告诉了他诚实所带来的价值。

国王发布公告的前提就是要找寻诚实的人，但家长们却为了让孩子能中选而不惜使用欺瞒的手段。

以谎言堆砌而来的赞赏一点也不值得骄傲，成人，往往知道得太多，也因此狭隘了心灵，投机取巧的结果，却是给孩子树立了最坏的榜样。

每个人都希望自己碰到的人是诚实的人，反过来说，诚实的人也是最受大家欢迎的人，因此诚实的人天然就拥有一份成功的基石。

凭什么得到善意的回报

诚心诚意待人，虽然不是哪条法律的明文规定，但却是行世不可丢失的优良品质，有时候也会获得意想不到的回报。

那是很多年前的一个暴风雨之夜。乔治·伯特作为一家旅馆的服务生正在柜台里值班，有一对老年夫妇走进大厅要求订房。

乔治·伯特告诉他们，这里已经被参加会议的团体包下来了，而且附近的旅馆也已经客满。

当他看到老夫妇焦急无助的样子时，又真诚地对他们说："先生，太太，在这样的夜晚，我实在不敢想象你们离开这里却又投宿无门的处境，如果你们不嫌弃的话，可以在我的休息间里住一晚，那里虽然不是豪华的套房，却十分干净。"

这对老夫妇谦和有礼地接受了伯特的好意。

第二天，当这对老夫妇提出要付钱给伯特时，他却坚决不收。他真诚地说："我的房间是免费借给你们住的。昨天晚上我已经额外地在这儿挣了钟点费，房间的费用本来就包含在里面了。"

老先生临走时，温和地告诉伯特说："你这样的员工是每一位老板梦寐以求的，也许有一天，我会为你盖一座旅馆的。"

伯特当时以为这位老人在开玩笑，他只是笑了笑，并没有往心里去。

过了几年，乔治·伯特还在那家旅馆里上班，仍旧当他的服务生。有一天，他忽然收到一封老先生的来信，邀请他到曼哈顿去，并附上了启程的机票。

当他赶到曼哈顿时，在第五大道和三十四街的一栋豪华的建筑物前，见到了老先生。老先生看着惊讶的伯特，微笑着解释说："我的名字叫威廉·渥道夫·爱斯特，这就是我为你盖的饭店，我认为你是管理这家饭店的最佳人选。"

于是，乔治·伯特成为这家饭店的第一任总经理，他不负厚望，在短短的几年里，将饭店管理得井井有条，驰名全美。

这个饭店就是美国曼哈顿那座著名的渥道夫·爱斯特莉亚饭店，它的第一任总经理乔治·伯特，以前只是一家旅馆的普通服务生，一次偶然的机会，他用诚信改变了自己一生的命运。

有人说，乔治·伯特是命运的宠儿，是一个偶然的机遇，使他得到了幸运之神的垂青。然而，更多的人认为，乔治·伯特的成功，源于他良好的为人处世之道，因为，一个拥有诚信和爱心的人，最终都会得到善意的回报。

不忠诚，少提什么赴汤蹈火

　　假如把智慧和勤奋看作金子那样珍贵，那么，比金子还珍贵的就是忠诚。对公司忠诚，就是对自己的事业忠诚。忠诚不是阿谀奉承，它不希求回报，也没有其他的私心。

　　很多老板用人不仅看能力，更重品德，而品德之中最为核心的又是忠诚度。那些既忠诚又能干的人往往是老板梦寐以求的得力干将。因为，老板的成就感，老板的自信心，还有公司的凝聚力，在很大程度上都来源于员工的忠诚度。

　　那些忠诚的人，尽管可能做事能力有限，但仍得到老板的重视，到任何地方都可以找到自己的位置。而对那些朝秦暮楚的人，对那些只管个人得失的人，即使他的能力无人可比，也不可能被老板器重的。

　　在公司的经营运作中，要用大智慧来做决策的大事毕竟很少，而要人脚踏实地地去行动落实的小事却很多。少数人的成功靠的是智慧和勤奋，而绝大多数人靠的是忠诚和勤奋。

　　忠诚在现代社会尤为可贵。许多公司花费了大量精力去培训员工，但有些员工在积累了相当的经验后，却常常一声不吭就销声匿迹了，这种人对公司是没有忠诚可言的。留在公司的则总是抱怨公司和老板的苛刻，把一些责任都推到公司和老板身上，这显然失之偏颇。

　　忠诚度的缺乏，表面看来受损害的是这个公司，但深入来看，这对员工的损失更大，因为不管是就个人资源的积累而言，还是由此造成的"吃着碗里的望着锅里的"坏习惯，这些都大大降低了员工自身的价值。那些人不明白自己真正需要的是什么，摆不正自己的位置，从而错误估计了现状。在这种情况下，跳槽就很可能不利于他们以后的发展。

人的一生坎坷曲折，可能要走很多弯路才能到达自己想去的地方。同样道理，在工作中不可避免地要换一些工作，但明智的转换应该从属于自己长远的整体人生规划。鲁莽跳槽，可能会在短期内增加你的薪水，但如果过于频繁，甚至成了习惯，那就对你的长远发展有害无益，并进而影响你的整体人生规划，这就因小失大，得不偿失了。

克拉斯是著名银行家，他在年轻时也经常换工作，但他始终都有一个固定的目标，那就是成为某家大银行的领导。他在交易所里上过班，也在木料公司打过杂，还干过出纳等十分琐碎的工作，经过千辛万苦，最后终于实现了自己的梦想。克拉斯这样说：

"任何一个卓有成就的人士，都会不可避免地经历很多磨难，也可能会在不同的部门做事。我们当然希望可以在一个机构里学到一切知识，但这种情况很少见。在这种状况下，他要好好考虑，我究竟想做什么，可以做什么，为何要这样做。"

很多人工作一不如意就跳槽，人际关系不行也跳槽，看到可以多赚几个钱的工作就跳槽，甚至没有任何原因也跳槽。在他们眼里，下一个工作肯定比现在的好，一切问题都能以跳槽的方式解决。这样，跳槽者的工作就是跳槽。慢慢地，他们就失去了自我，失去了以前那种努力积极的工作精神，一有困难就退缩，遇到麻烦就绕开走。出现这种状况是危险的，它表明，换工作并不能解决工作中遇到的问题，因为在任何工作中都会出现困难，以这种态度对待工作，只会毁了自己的大好前途。

在现实生活中，许多年轻人失去了做事所应具备的最宝贵的忠诚，心态不正，工作没有方向，遇难而退，眼高手低，以至碌碌无为，事业无成。

当一个人被要求去做一件他应当承担的工作的时候，如果他在嘴上不说而在心里有"我被聘来不是为了做这种事情的"这样的想法的话，那么他就等于站在了一个涂了油的木板上，而且这块木板正在向大海滑动。当这块木板倾斜到一定程度的时候，他就会被大海的怒涛所吞没。

而事实上，除了他自己，没有人会倾斜这块致命的木板。这块木板倾斜的原因就是：他对于经过的其他船只以及在岸上活动的兴趣要比他在船上所做的事情的兴趣要大得多。

因此，我们再次强调：在一个成功的公司里被招聘而来的员工是不会被轻易解雇的，只有那些站在涂满了油的木板上的人才会最终因木板的倾斜而掉进海里。

请记住，忠诚是你在公司生存的最大保证。

办理人际交往的"信用卡"

诚信作为一种传统美德，是人们交际交往的"信用卡"，也是维系人与人感情的"信誉链"。有了诚信，人与人交往才会充满温情。

在华盛顿举办的美国第四届全国拼字大赛中，南卡罗来纳州冠军——11岁的罗莎莉·艾略特一路过关，进入了决赛。当她被问到如何拼"招认"（Avowal）这个词时，她轻柔的南方口音，使得评委们难以判断她说的第一个字母到底是A还是E。

评委们商议了几分钟之后，将录音带倒带后重听，但是仍然无法确定她的发音是A还是E。

解铃还得系铃人。最后，主评约翰·洛伊德决定，将问题交给唯一知道答案的人。他和蔼地问罗莎莉："你的发音是A还是E？"

其实，罗莎莉根据他人的低声议论，已经知道这个字的正确拼法应该是A，但她毫不迟疑地回答，她发音错了，字母是E。

主审约翰·洛伊德又和蔼地问罗莎莉："你大概已经知道了正确的答案，完全可以获得冠军的荣誉，为什么还说出了错误的发音？"

罗莎莉天真地回答说："我愿意做个诚实的孩子。"

当她从台上走下来时，几乎所有的观众都为她的诚实而热烈鼓掌。

第二天，有一篇报道这次比赛的短文：《在冠军与诚实中选择》。短文中写道，罗莎莉虽没赢得第四届全国拼字大赛的冠军，但她的诚实却感染了所有的观众，赢得了所有观众的心。

年幼的罗莎莉给我们所有人做出了榜样。然而，我们中的很多人都在不同程度上具有不劳而获的欲望，这种欲望引导人们不知不觉地放弃了诚信。并且，它还能加深人的错觉，让人一如既往地做下去，对现实完全辨认不清，最终导致不良后果。所以，如果我们想获得持久性的成就，就必须确立并坚持诚信这一原则，在生命航船受到诱惑之风的袭击时，保持高尚的道德品质，不致偏离航向。

在星期五的傍晚，一位贫穷的年轻艺人仍然像往常一样站在地铁站门口，专心致志地拉着他的小提琴。琴声优美动听，虽然人们都急急忙忙地赶着回家过周末，还是有很多人情不自禁地放慢了脚步，时不时地会有一些人在年轻艺人跟前的礼帽里放一些钱。

第二天黄昏，年轻的艺人又像往常一样准时来到地铁站门口，把他的礼帽摘下来很优雅地放在地上。和以往不同的是，他还从包里拿出一张大纸，然后很认真地铺在地上，四周还用自备的小石块压上。做完这一切以后，他调试好小提琴，又开始了演奏，声音似乎比以前更动听更悠扬。

不久，年轻的小提琴手周围站满了人，人们都被铺在地上的那张大纸上的字吸引了，有的人还踮起脚尖看。上面写着："昨天傍晚，有一位叫乔治·桑的先生错将一份很重要的东西放在我的礼帽里，请您速来认领。"

人们看了之后议论纷纷，都想知道是一份什么样的东西，有的人甚至还等在一边想看个究竟。过了半小时左右，一位中年男人急急忙忙跑过来，拨开人群就冲到小提琴手面前，抓住他的肩膀语无伦次地说："啊，是您呀！您真的来了，我就知道您是个诚实的人，您一定会来的。"

年轻的小提琴手冷静地问："您是乔治·桑先生吗？"

那人连忙点头。小提琴手又问："您遗落了什么东西吗？"

那位先生说:"奖票,奖票。"

小提琴手于是就从怀里掏出一张奖票,上面还醒目地写着乔治·桑,小提琴手举着奖票问:"是这个吗?"

乔治·桑迅速地点点头,抢过奖票吻了一下,然后又抱着小提琴手在地上疯狂地转了两圈。

原来事情是这样的:乔治·桑是一家公司的小职员,他前些日子买了一张某银行发行的奖票,昨天上午开奖,他中了五十万美元的奖金。昨天下班,他心情很好,觉得音乐也特别美妙,于是就从钱包里掏出五十美元,放在了礼帽里,可是不小心把奖票也扔了进去。小提琴手是一名艺术学院的学生,本来打算去维也纳进修,已经订好了机票,时间就在今天上午,可是他昨天在整理东西时发现了这张价值五十万美元的奖票,想到失主会来找,于是今天就退掉了机票,又准时来到这里。

后来,有人问小提琴手:"你当时那么需要一笔学费,为了赚够这笔学费,你不得不每天到地铁站拉提琴。那你为什么不把那五十万美元的奖票留下呢?"

小提琴手说:"虽然我没钱,但我活得很快乐;假如我没了诚信,我一天也不会快乐。"

康德说过:"这个世界上只有两样东西能引起人内心深深的震动,一个是我们头顶上灿烂的星空,一个是我们心中崇高的道德准则。"如今,我们仰望苍穹,星空依然晴朗,而俯察内心,崇高的道德却需要我们在心中每次温习和呼唤,这个东西就如诚信。诚信是一种力量,它让卑鄙伪劣者退缩,让正直善良者强大,诚信无形,却在潜移默化中塑造无数有形之身,永不褪色,诚信以卓然挺立的风姿和独树一帜的道德高度赢得众人的信任和爱戴。

第 10 章

态度端正 做事的态度很重要

　　一个人对待生活、工作的态度是决定他能否做好事情的关键，首先改变一下自己的心态，这是最重要的！很多人在工作中寻找各种各样的借口来为遇到的问题开脱，并且养成了习惯，这是很危险的。美国成功学家说过这样一段话：如果你有自己系鞋带的能力，你就有上天摘星的机会！

不必事尽完美，但要追求完美

工作态度虽然无法量化，但却比什么都重要。对于职场人士而言，薪水的高低最终将取决于你自身的职业精神。那些优秀的员工在工作中大多以老板的心态来对待自己的工作，他们会像老板一样把公司当成自己的公司，把每一份工作都当成是自己的事业，在工作中甚至表现得比他们的老板更加地积极主动。这种工作态度无疑就是职场上最为端正的工作态度。也正是在这种积极心态的导引下，那些优秀的员工才会取得更高的收入。

积极主动与消极被动的差异，主要体现在对待生活和工作的态度上。我们每个人工作的努力程度不一样，所取得的成果就不一样。而出现业绩差距的一个主要原因就是工作态度。良好的工作态度，是我们走向成功的前提。从长远来看，决定一个人的工资收入的深层因素，不是知识和技能本身，而是对待生活与工作的态度。

看看我们的周围：有些人以平庸的态度对待工作，觉得差不多就行；只要我一天的工作对得起我所拿到的工资就行；我一天工作八小时对得起老板就行；我为什么要主动做事呢，老板又不给我加薪；稍遇到不顺心的事就不积极进取等。他们无论是在生活中还是在工作中都抱着平庸的态度做事，结果也就是以平庸收场。这就是说，如果一个人的工作没有主动性，没有进取心，那么，他们的人生是苍白的。只有当你选择主动的时候，你的薪水提升才是可能的事情。

新希望集团董事长刘永好曾到韩国一家面粉加工厂考察，他发现这家工厂每天的日产量是 1500 吨，工人数 66 个。而在国内，同样规模的面粉厂日生产能力只有几百吨，刘永好自己的日处理能力 250 吨的工厂，其效率相对高于国内同行业标准，却有七八十名员工，日生产能力仅有韩国工厂的 1/6。

为什么生产效率会有 10 倍之差？这其中的主要原因是什么呢？那就是对待工作的态度。在工厂里，韩国人做事总是手脚不停，无论是工人还是管理人员，比如说某个人觉得自己的岗位比较空闲，就会做一些其他事情。而在中国大部分的企业中，还存在有相当普遍的只要把自己的事情做得差不多就够了的想法。

由此，刘永好想到，这其中所反映出来的不是一个简单的相加的问题。不是说一个韩国人的效率是一个中国人的 1.2 倍，10 个韩国人的效率就是相当于 12 个中国人的效率，而应该是乘积关系，10 个韩国人的工作效率，就等于 1.2 的 10 次方倍。刘永好认为，韩国人比中国人收入高好几倍，这样算来还是很值得的。

一位伟人曾说过："你的心态就是你真正的主人。"你的态度在一定程度上已决定你是失败还是成功。要改变现状，克服困难，首先要做的就是要端正态度。没有正确的态度，这一切就无从谈起。

可见，一个人的态度直接决定了他的行为。它决定了你对待工作是尽力尽心，还是敷衍了事，是安于现状，还是积极进取。态度越积极，决心越大，对工作投入的心血就越多，从工作中所获得的回报也就相应的更为理想。尤其在一些技术含量不是很高的职位上，大多数人都可以胜任，能为自己的工作表现增加砝码的也就只有态度了。这时，积极的敬业精神就是你区别于其他人，使自己变得更重要的一种能力。因为，敬业的员工永远是受领导欢迎的员工。他们尊敬并重视自己所从事的职业，把工作当成自己的事业去努力，抱着认真负责、一丝不苟的工作态度，努力克服各种困难去完成自己的工作，并从努力工作中找到人生的意义。

敬业在每个人的职业生涯中是如此重要而又不可或缺，但如何让员工敬业，却又不是一件容易的事。

据美国一家人力资源机构调查，在大部分公司里，75% 的员工不敬业，就是说在公司里的多数员工都不敬业。而且，研究结果也表明，员工资历越深，越不敬业。就平均而言，员工参加工作的第一年最敬业。随着资历的加深，他们的敬业度逐步下降，大部分资深员工"人在心不在"或"在职退休"。而不敬业的员工会给所在公司带来巨大损失，具体表现为浪费资源，贻误商机以及减少公司利润，员工流失，缺勤增加和效率低下等。

日本丰田"推销大王"发现，在生意场合，人们习惯于用火柴替对方点烟，然后把火柴留给对方。于是，他在火柴厂特制了一种火柴，在盒上印上自己的名字、公司的电话号码和公司附近的地图，然后赠给自己的客户。一盒火柴很多根，每点一次烟，电话号码和地图就会出现在客户面前一次，而吸烟者通常都是在兴奋或困惑时才点火抽烟，习惯凝视火柴来思考，这种"无意识的注意"会给人们留下特别深刻的印象。正是利用这小小火柴盒的影响，他使自己的业务额大幅度上涨并获得了巨大的成功。

他的敬业精神成就了自己。他能在各种场合留意到各种对自己工作有益的事情，这其中所反映出的，是他强烈的敬业精神。事实上，一旦这种敬业意识深植于脑海，做起事来就会积极主动，从而获得更多的经验并取得更大的成就。

那么在工作中如何才能做到敬业呢？这就要求我们有"三心"，即耐心、恒心和决心。任何事情都不是一蹴而就的，不可只凭一时的热情来工作，也不能在情绪低落时就马虎应付。特别是在平凡的岗位上要做到长期爱岗敬业，更需要坚忍不拔的毅力。

当敬业成为习惯之后，你将受益终身。因为你能从工作中学到比别人更多的经验，并提高自己的能力，而这些正是你的人生向上发展的踏脚石。就算你以后换了工作，或从事不同的行业，丰富的经验和好的工作方法也会为你带来帮助，你的敬业精神也会使你的成功之路一路顺畅。因此，把敬业变成习惯的人，从事任何行业都容易成功。每一位职场中人，都应该磨炼和培养自己的敬业精神。因为无论你从事什么工作，或做到什么位置，敬业精神都是你走向成功的宝贵财富。当敬业成为习惯，我们任何人都能取得成功，或者至少会改变你目前的状态。

在现代职场上，想要赢取高薪仍非一件易事。尤其是在内部竞争日益加剧的今天，过去那种听命行事的工作作风早已经不再受到欢迎，唯有那些具有敬业精神的员工才能够赢得高薪，因为他们懂得主动工作。

然而，你会发现存在这样的一些人：他们每天准时上班，按点下班，不迟到，不早退，在他们看来这样便是一名合格的员工，就可以心安理得地领取工资甚至要求赢得高薪了。事实上，拥有这样想法的人只要反思一下便不难发现：那些早出晚归的人不一定就是主动工作的人；每天看似忙忙碌碌的人不一定就是圆满完成工作的人；那些每天按时打卡，准时出现在办公室的人不一定就是对工作尽职尽责的人。或许对于这样的人来讲，每天的工作就是一种生活的负担而已。试想，这样的人又怎么能够赢得老板的青睐，赢取高薪呢？

敬业精神是成功者之所以成功的一个重要因素，也是每一位员工的使命，同时，它也是每一位职业人士赢得高薪的关键所在。作为一名现代职场人士，当你能够以积极主动的精神来对待你的工作，并且能够尽职尽责地去完成这份工作的时候，你会因此而把工作完成得更圆满、更出色，并成为公司老板在考虑加薪时的首要人选。

做事是否认真，体现着一个人的生活态度、敬业精神。只有那些有着严谨的生活态度和满腔热忱的敬业精神的人，才会认真对待每一件事，不做则已，要做就一定要尽心尽力做好。这样的人也往往会得到别人的信任，为自己打开成功之门。

人类的历史，充满了由于疏忽、畏难、敷衍、轻率而造成的可怕惨剧。如果每个人都能凭着良心做事，不怕困难，不半途而废，那么不但能减少不少的惨祸，而且能使每个人都具有高尚的人格。养成了敷衍了事的恶习后，做起事来往往就会不诚实。这样，人们最终必定会轻视他的工作，从而轻视他的人品。粗劣的工作，就会造成粗劣的生活。

有人曾经说过："轻率和疏忽所造成的祸患不相上下。"许多青年人之所以失败，就是败在做事轻率这一点上。这些人对于自己所做的工作从来不会做到尽善尽美。大部分的青年，好像不知道职位的晋升是建立在踏实履行日常工作职责的基础上的，认为只有目前所做的职业，才能使他们渐渐地获得价值的提升。

美国成功学家马尔登说过，马马虎虎、敷衍了事的毛病可以使一个百万富翁很快倾家荡产；相反，每一位成功人士都是认认真真、兢兢业业的。

有这样一个故事：

旧金山一位商人给一位萨克拉门托的商人发电报报价："1000蒲式耳大麦，单价1美元。价格高不高？买不买？"萨克拉门托的那位商人原意是要说："不，太高。"可是在电报里却漏了一个逗号，就成了"不太高"。结果这一下就使他损失了1000美元。

许多人做了一些粗劣的工作，借口是时间不够。其实按照各人日常的生活，都有着充分的时间，都可以做出最好的工作。如果养成了做事务求完美、善始善终的习惯，人的一辈子必定会感到无穷的满足。而这一点正是成功者和失败者的分水岭。成功者无论做什么，都力求达到最佳境地，丝毫不会放松，成功者无论从事什么职业，都不会轻率疏忽。

认真的精神，其实是对自己、对他人、对家庭和社会的高度责任感。做事能否认真，与是否有耐心关系密切。许多人做事只图快，只图省力气，怕麻烦，于是偷工减料，"萝卜快了不洗泥"，这样做出的"成果"必然是经不起检验的。现在市场上的许多劣质产品使消费者吃尽苦头，其中原因之一就在于某些制作者不愿耐心地按工艺要求做，结果产品质量不能保证，如一堆废品。商品社会让我们越来越缺乏耐性了，金钱正在大口大口地吞噬着我们的耐性，把我们搞得无比浮躁。而这种"浮躁"，这种"缺乏耐性"，正是为人做事不再认真，充满着"浮躁心"的突出表现。

能否认真做事，不但是个行为习惯的问题，更反映着一个人的品行。"认认真真"与"清清白白"是不可分的。很难想象一个整天只图自己安逸和舒服，只想着走捷径取巧发财的人，会不辞劳苦地、耐心地、认认真真地去做好该做的事。认真做事的前提，是认真做人。

世界上的任何事怕就怕"认真"二字。认真就是不放松对自己的要求，就是严格按规则办事做人，就是在别人苟且随便时自己仍然坚持操守，就是高度的责任感和敬业精神，就是一丝不苟的做人态度。

把热情注入工作

世间最庄严的问题就是：我能为这个世界做什么？企业希望员工每天问自己的问题就是：今天我为公司奉献了什么？

拓荒牛不仅是力量的象征，更是奉献的代表——它在田野里挥汗如雨，贡献出所有的力气，却从不抱怨工作的辛苦劳累；它吃的是低廉的草料，却奉献出高价值的牛奶。

企业里最需要的也是像拓荒牛这样的人：不计较个人得失，任劳任怨，总是为公司谋取最高的利益，为公司的发展做着最大的贡献，而不在乎自己得到多少，只要求能在奉献中体现个人最大的价值。

能做到奉献是非常不简单的，他不仅要有奉献的能力，更要有一颗比金子还要珍贵的内心。二者缺其一，他都不会是一个"拓荒牛"。

由洛克菲勒创办并经营的美国标准石油公司是当时世界上最大的石油生产、经销商，那时每桶石油的售价是4美元，公司的宣传口号就是：每桶4美元的标准石油。

作为众多销售员之一的阿基勃特，仅是公司里的一个名不见经传的小职员，身份低微，但他无论外出、购物、吃饭、付账，甚至是给朋友写信，只要有签名的机会，他都不忘写上"每桶4美元的标准石油"。

有时，阿基勃特甚至不写自己的名字，而只写这句话代替自己的签名。时间久了，同事们都开玩笑叫他"每桶4美元"。尽管受到各种嘲笑，但阿基勒特从不为之所动。

4年后的一天，公司董事长洛克菲勒无意中听说了此事，非常欣喜地说："竟有职员如此努力宣扬公司的声誉，我要见见他。"于是邀请了阿基勒特共进晚餐。

饭间，洛克菲勒问阿基勒特为什么这么做，阿基勒特说："这不是公司的宣传口号吗？"洛克菲勒说："你觉得在工作之外的时间里，还有义务为公司做宣传吗？"阿基勒特反问道："为什么不呢？难道在工作之外的时间里，我就不是这个公司的一员了吗？我每多写一次不就可能多一个人知道吗？"

洛克菲勒大为赞叹，认为阿基勒特之所以能有这种举动，正是因为他时刻心系着公司的利益与发展，他的头脑中有一种强烈的奉献与付出的意识。

5年后洛克菲勒卸职，阿基勒特继任美国标准石油公司第二任董事长。对阿基勒特的任命，出乎所有人的意料，包括阿基勒特自己。

其实洛克菲勒对阿基勒特的任命，不应该出乎人们的意料。把自己的名字都用公司的宣传口号来代替的人，怎么可能不把他的一切奉献给公司呢？把自己的一切都奉献给公司，这其中包含着多少对工作的热情和对公司的热爱啊！

这样的人是用全身心来工作的。他在乎的是公司的长远发展，而不会计较自己付出多少，得到多少；他做的是人生的事业，而不是为了拿工资糊口度日；他奉献给公司他所有的时间和精力，而不是每个月发薪的日子和拿薪水的快乐。

这样把公司的命运时刻放在自己心里的人，怎么能不得到老板的信赖呢？这样有一分热，便发一分光的人，怎么能不让老板把公司放心地交给他呢？

现在的经济发展得更快了，现在的市场竞争也更加激烈了，如果年轻人都能有阿基勒特那样的奉献意识，那么我们的企业就会更有活力，更有希望了!

在卡耐基的办公室和家里都挂着一块牌匾,麦克阿瑟将军在南太平洋指挥盟军的时候,在办公室里也挂着一块牌匾,他们两人的牌匾上写着同样的座右铭:

你有信仰就年轻,

疑惑就年老;

你自信就年轻,

畏惧就年老;

你有希望就年轻,

绝望就年老;

岁月使你皮肤起皱,

但是失去快乐和热情,

就损伤了灵魂。

这是对热情最好的赞美词。

如果能培养并发挥热情的特性,那么,无论你是个挖土工还是大老板,你都会认为自己的工作是快乐的,并对它怀着深切的兴趣。无论有多么困难,需要多少努力,你都会不急不躁地去进行,并做好想做的每一件事情。

热情不是一个空洞的词,它是一股巨大的力量。热情和人的关系如同蒸汽机和火车头的关系,它是人生主要的推动力,也是一个普通人想要生活好,工作好的最关键的心态。

或许你总是在想自己是一个各方面能力都一般化的人,经常用"我是一个普通人"的借口来原谅自己。假如你有这样的想法,那么你就要小心了,这样的心态会使你在还没有努力之前就已经失败,它是阻碍你获得幸福的最大障碍,在你与成功和金钱之间隔了一道厚厚的墙。

　　只要你确立的目标是合理的，并且努力去做个热情积极的人，那么你做任何事都会有所收获。

　　热情的心态可以弥补精力的不足，发展坚强的个性。有些人很幸运，天生就是个乐观向上的人，而有些人却需要通过后天培养来获得。

　　培养良好的心态并不难，首先要选择你最喜欢的工作和最向往的事业。如果由于种种原因，你不能从事你喜欢的工作，那就把你想做的工作当作未来的目标吧。

学做积极的社会人

在生活中，有那么多人没有确定目标和抱负，没有规划良好的人生计划，而只是一天天地得过且过。持有这种人生态度的，不要说取得全面的成功，即便是想取得在某一领域的成功也是不可能的。

在生活的海洋中，我们随处都可以看到这样一些年轻人，他们只是毫无目标地随波逐流，既没有固定的方向，也不知道停靠在何方，他们在浑浑噩噩中虚度了多少宝贵的光阴，荒废了多少青春的岁月。他们在做任何事时都不知道其意义的所在，他们只是被裹挟在拥挤的人流中被动前进。如果你问他们中的一个人打算作什么，他的抱负是什么，他会告诉你，他自己也不知道到底要去做什么。他只是在那儿漫无目的地等待机会，希望以此来改变生活。

怎么可能指望一个在生活中没有目标的人到达某个目的地呢？怎么可能指望这样的人不处在混沌和迷惘当中呢？

从来没有听说过有什么懒惰闲散、好逸恶劳的人曾经取得多大的成就。只有那些在达到目标的过程中面对阻碍全力拼搏的人，才能到达全面成功的巅峰，才能走到时代的前列。

对于那些从来不尝试着接受新的挑战，无法迫使自己去从事那些对自己最有利的却显得艰辛繁重的工作的人来说，他们是永远不可能有太大成就的。

任何人都应该对自己有严格的要求。不能一有机会就无所事事地打发时光；他不能够放任自己清晨赖在床上，直到想起来为止；他也不能只在感到有工作的心情时才去工作。而必须学会控制和调节自己的情绪，不管是处于什么样的心境，都应当强迫自己去工作。

绝大多数胸无大志的人之所以失败，是因为他们太懒惰了，因而根本不可能取得成功。他们不愿意从事含辛茹苦的工作，不愿意付出代价，不愿意作出必要的努力。他们所希望的只是过一种安逸的生活，尽情地享受现有的一切。在他们看来，为什么要去拼命地奋斗，不断地流血流汗呢？何不享受生活并安于现状呢？

身体上的懒惰懈怠、精神上的彷徨冷漠、对一切都放任自流的倾向，总想回避挑战而过一种一劳永逸的生活的心理，所有这一切都是那么多人默默无闻，无所成就的重要原因。

对那些不甘于平庸的人来说，养成时刻检视自己抱负的习惯，并永远保持高昂的斗志，这是完全必要的。要知道，一切都取决于我们的抱负。一旦它变得苍白无力，所有的生活标准都会随之降低。我们必须让理想的灯塔永远点燃，并使之闪烁出熠熠的光芒。

如果一个人胸无大志，游戏人生，那是非常危险的。

我们到处都可以见到这样一些人，他们有着最良好的装备，具备一切最理想的条件，而且也似乎是在整装待发，然而，他们行动的脚步却迟迟不能挪动，他们并没有抓住最好的时机。造成这一现象的原因就在于，在他们身上没有前进的动力，没有远大的抱负。

一块手表可能有着最精致的指针，可能镶嵌了最昂贵的宝石，然而，如果它缺少发条的话，仍然一无用处。同样，人也是如此，不管一个年轻人受过多么高深的大学教育，也不管他的身体是多么的健壮，如果缺乏远大志向的话，那么他所有其他的条件无论是多么优秀，都没有任何意义。

有这样一些颇具才干的人，尽管年逾三十,但仍然没有选择好一生的职业。

他们说并不知道自己适合做什么。对于这样的人来说，即便是再怎么才华横溢，也会在漫无目的的东碰西撞中磨蚀了身上的锐气。

雄心抱负通常在我们很小的时候就初露锋芒。如果我们不注意仔细倾听它的声音，如果它在我们身上潜伏很多年之后一直没有得到任何鼓励，那么，它就会逐渐地停止萌动。原因很简单，就跟许多其他没被使用的品质或功能一样，当它们被弃置不用时，它们也就不可避免地趋于退化或消失了。

这是自然界的一条定律，只有那些被经常使用的东西，才能长久地焕发生命力。一旦我们停止使用我们的肌肉、大脑或某种能力，退化就自然而然地发生了，而我们原先所具有的能量也就在不知不觉中离开了我们。

如果你没有注意去倾听心灵深处"努力向上"的呼声，如果你不给自己的抱负时时鞭策加油，如果你不通过精力充沛的实践有效地对其进行强化，那么，它很快就会萎缩死亡。

没有得到及时支持和强化的抱负就像是一个拖延的决议。随着愿望和激情一次次地被否定，它要求被认同的呼声也就越来越微弱，最终的结果就是理想和抱负的彻底消亡。

在我们周围，这种最后抱负消亡、理想灭失的人数不胜数。尽管他们从外表看来与常人无异，但实际上曾经一度在他们的心灵深处燃烧的热情之火现在已经熄灭了，取而代之的是无边无际的黑暗。他们在这块大地上行走，却仿佛只是没有灵魂的行尸走肉。他们的生活也就变得毫无意义。不管是对他们自己还是对这个世界，他们的存在都变得毫无价值。

如果说在这个世界上存在着一些可怜卑微的人的话，那么毫无疑问，那些抱负消亡的人是属于其中的一类——他们一再地否定和压制内心深处要求前进和奋发的呐喊，由于缺乏足够的燃料，他们身上的理想之火已经熄灭了。

对于任何人来说，不管他现在的处境是多么恶劣，或者先天的条件是多么糟糕，只要他保持了高昂的斗志，热情之火仍然在熊熊燃烧，那么他就是大有希望的。但是，如果他颓废消极，心如死灰，那么，人生的锋芒和锐气也就消失殆尽了。

在我们的生活中，最大的挑战之一就是如何保持对生活的激情，远离盲无目的的生活，坚定明确的奋斗目标，永远让炽热的火焰燃烧，并且保持这种高昂的境界。

有许多人往往以这种想法来从心理上欺骗自己，麻醉自己。只要自己有乐观向上，期盼着实现自己的理想和抱负的想法，他们实际上就已经是达到了目标。但是，这种光说不做，或者做起事来拖泥带水的人，实际上只是在内心里担心成功的幻想被拿到现实中去检验。他们的等待一方面是打算多享受一会儿"可能成功"的幻想，另一方面是想有可能天降大运，自然功成。然而，天上只下过风雪雨雹，从来没掉过馅饼和大运。

尽管人天生而来的性格具有很大的稳定性，但也不是不可改变的，只要有足够的恒心与信心，每个人都可以培养自身良好的个性。如果说个性生存的理论让我们第一次这么清晰地认识了自己，深刻地领悟到命运实际掌握在我们自己手中，那么同时，我们还必须找到培养我们卓越个性的最佳途径，这样我们所做的一切才不是纸上谈兵，而是在现实生活中切实可行的。

个性塑造，并非是要将人们的种种个性都熔进一个模子里，铸成一个模板来，使人人都一模一样。相反，我们是要提出人们个性的基本点、共同点，在人们知道自身，了解自身个性之后，去完善与提升自己的个性。

我们能做的仅仅是帮你奠定好个性的基石，帮你建构优良的个性架构，剩下的，要靠你自己在生活与工作中去完善。

在任何情况下，都应具备积极心态。这种心态是由"正面"的性格因素，诸如"信心""正直""希望""乐观""勇气""进取心""慷慨""耐性""机智""亲切"以及"丰富的常识"等构成。

为了让你看出差异，我们来作比较，让我们来看一下消极心态会造成什么影响。消极心态会浇熄你的热忱，禁锢你的想象力，降低你的合作意愿，使你失去自制能力，容易发怒，缺乏耐性，并且使你丧失理性。

消极心态对你的破坏力是多么巨大，它让你最好还是待在家里，别出来与人接触。消极心态只会为你树立敌人，并且摧毁你的成就，离间你的朋友。

积极的心态将为你开启一扇门，并给你展现技巧和雄心壮志的机会。

积极心态也是其他各种个性的构成要素，了解和运用其他个性，将会强化你的积极心态。

有了积极的心态是不够的，我们还需要坚定的信心。

有人问球王贝利："您最得意的进球是哪一个？"贝利乐观自信地说："下一个！"就是这不满足于现状的"下一个"，使球王贝利在球场驰骋数十年，踢出了一个比一个更精彩的进球，成为饮誉中外的"球场王子"。可以看出，乐观自信能使人树立更高的目标，去战胜巨大的困难，取得最终的胜利，所以爱默生说："自信是成功的第一秘诀。"居里夫人也曾说："我们要有恒心，要有毅力，更重要的是要有自信心。"

无数自然科学秘密的发现都是由乐观自信推动的，许多重大的发明都离不开这种执著和勇气，跌倒了再爬起来，失败了再来一次，挫折挡不住不屈者前进的道路，成功的脚本要靠你自己去写。

著名的莱特兄弟初次飞行时，曾被人讥笑是异想天开。但莱特兄弟充满信心地说道："即使上天的梦想永远是一个梦，我们也要在梦中像鸟儿一样离开大地，到湛蓝的天空中飞翔。"

一次次地试验，一次次地失败，莱特兄弟的耐心被考验到了极点。当又一次看到飞行器刚刚离开地面就被撞得粉碎时，莱特兄弟再也承受不住了，当着讥讽他们的飞行器是"永远飞不起的笨鸭"的人而流下了眼泪。但当他们执手相拭泪眼时，他们竟又同时说："兄弟，让我们擦干眼泪再来一次，我想我们最终会成功的。"

终于，飞行器平稳地离开了地面。尽管只是短短的几十秒钟，但从此人类像鸟儿一样在天空中飞翔的梦想，已经变成了可触摸得到的现实。从这一刻起，人类不再徒羡鸟儿的自由。

许多简单的哲理其实就在自己的心中。当你把心爱的东西送给别人时，那种换来的快乐和欣慰就很直接，你会发现原来一直困扰着我们的东西并不是物品本身的价值，而是人际之间复杂的态度。

"如果有个柠檬，就做柠檬水。"这是一位聪明的教育家的做法，而傻子的做法正好相反。如果他发现生命给他的只是个柠檬，他就会沮丧，自暴自弃地说："我完了，我的命运真悲惨，连一点发达的机会也没有，命中注定只有个柠檬。"然后，他就开始诅咒这个世界，一辈子让自己沉浸在自悲自怜当中，毫无作为。

但是，当聪明的人拿到一个柠檬的时候，他就会说："从这件不幸的事情中，我可以学到什么呢？我怎样才能改变我的命运，把这个柠檬做成一杯柠檬水呢？"

有一位心理学家花了一辈子的时间来研究人类所隐藏的保留能力之后，他说，人类最奇妙的特性之一，就是"把负的力量变成正的力量"。

有一次，世界有名的小提琴演奏家欧利·布尔在法国巴黎举行一场音乐会。在演奏时，小提琴上的 A 弦突然断了，欧利·布尔就用另外的那三根弦演奏完了那支曲子。"这就是生活，如果你的 A 弦断了，就在其他三根弦上把曲子演奏完。"

其实，这不仅仅是生活，它比生活更可贵。

如果我们能够做到，请把这句话写下来，挂在你的床头上：生命中最重要的一件事，就是不要把你的收入拿来算作资本，任何傻子都会这样做，真正重要的事是要从你的损失里获利。这就需要有才智才行，而这一点也正是一个聪明人和一个傻子之间的区别。

所以，我们要培养能够带给你平安和快乐的心理，"当命运交给我们一个柠檬的时候，我们就试着去把它做成一杯柠檬水。"换个角度看世界，你也许就能够把不幸变为幸福。

有一位年轻人中学毕业后没有考上大学，他感到心灰意冷，为了糊口，只好去了一家理发店学理发。没干多久，他就觉得理发没有出息，后来又去当兵，几年后复员回家，还是找不到像样的工作，又只好回到理发店理发。他觉得命运对他的安排就是理发，既然这样，就把理发这件事做好，于是，他调整了自己的心态，爱上了这一工作，并立志要成为最优秀的理发师。几年之后，他真的成功了，并拥有了他自己的理发美容院。

这位年轻人从不喜欢这一工作到喜欢这一工作，从觉得没出息到做得有出息，全在于能够及时进行了心态的自我调整。

如果，他永远抱着以前的想法来看待他的工作和前途，不及时自我调整，那么，他的人生就永远只是失败。

虽然人人都知道行行出状元这句老话，但是到了自己头上时却是难以接受。现在很多人下岗以后，宁可在家闲着，坚守贫困，也不愿去干那些所谓"下贱"的工作，这都是不能及时自我调整，抱着一种想法不改变的表现。

人生需要不断地进行自我调整，因为社会生活在不断地发生变化，今天你可能在某个位置，明天也许就没有了。如果想不开，就只能是人生悲剧。相反，只要及时调整，那就能"柳暗花明又一村"。

奔跑起来，别停下

　　懒惰、好逸恶劳乃是万恶之源，懒惰会吞噬一个人的心灵，就像灰尘可以使铁生锈一样，懒惰可以轻而易举地毁掉一个人，乃至一个民族。

　　亚历山大在征服波斯人之后，他有幸目睹了这个民族的生活方式。亚历山大注意到，波斯人的生活十分腐朽，他们厌恶辛苦的劳动，只想舒适地享受一切。亚历山大不禁感慨道：没有什么东西比懒惰和贪图享受更容易使一个民族奴颜婢膝的了，也没有什么比辛勤劳动的人们更高尚的了。

　　有一位外国人周游世界各地，见识十分广泛。他对生活在不同地位、不同国家的人有相当深刻的了解，当有人问他不同民族最大的共同性是什么，或者说最大的特点是什么时，这位外国人回答道："好逸恶劳乃是人类最大的特点。"

　　无论是对个人还是对一个民族而言，懒惰都是一种堕落的、具有毁灭性的东西。懒惰、懈怠从来没有在历史上留下好名声，也永远不会留下好名声。懒惰是一种精神腐蚀剂，因为懒惰，人们不愿意爬过一个小山岗；因为懒惰，人们不愿意去战胜那些完全可以战胜的困难。

　　因此，那些生性懒惰的人不可能在社会生活中成为一个成功者，他们永远是失败者，成功只会垂青那些辛勤劳动的人们。懒惰是一种恶劣而卑鄙的精神重负，人们一旦背上了懒惰这个包袱，就只会整日怨天尤人，精神沮丧，无所事事，这种人完全是一个对社会无用之人。

有些人终日游手好闲，无所事事，无论干什么都舍不得花力气，下功夫，但这种人的脑瓜子可不懒，他们总想不劳而获，总想占有别人的劳动成果，他们的脑子一刻也没有停止思维活动，他们一天到晚都在盘算着去掠夺本属于他人的东西。正如肥沃的稻田不生长稻子就必然长满茂盛的杂草一样，那些好逸恶劳者的脑子里就长满了各种各样的"思想杂草"。懒惰这个恶魔总是在黑夜中出现，它直视那些头脑中长满了"思想杂草"的懦夫，并时时折磨他们，戏弄他们。

那些游手好闲、不肯吃苦耐劳的人总是有各种漂亮的借口，他们不愿意好好地工作和劳动，却常常会想出各种理由来为自己辩解。确实，一心想拥有某种东西，却害怕或不愿意付出相应的劳动，这是懦夫的表现。无论多么美好的东西，人们只有付出相应的劳动和汗水，才能懂得这美好的东西是多么地来之不易，才能愈加珍惜它。即使是一份悠闲，如果不是通过自己的努力而得来的，这份悠闲也就并不甜美。不是用自己劳动和汗水换来的东西，你就不配享用它。

人都有惰性。睡在阳光下暖洋洋的不想起来，坐在树阴下聊天不愿工作或沉迷于娱乐厅中流连忘返，致使好多应该做的事情没有做，也使好多本应成功的人平平淡淡，其罪恶之首，就是懒惰。懒惰是一种习惯，是人长期养成的恶习。这种恶习只有一种结果，那就是使人躺在原地而不是奋勇前进。因此，要想具有一定成就就要改掉这种恶习。

在我们周围，总有许多人办事拖拖拉拉，他们经常做的事包括闲谈、喝咖啡、削铅笔、阅读书报、处理私事、清理文具、看电视以及其他几十种小事，而很少花时间干正事。

有一个方法可以戒掉这个毛病，就是命令你自己："我现在很好，马上可以动手，再拖下去就完蛋了。我要把所有的时间和精力用在正事上。"许多人的拖拉，是因为形成了习惯。对于这样的人，无论用什么理由，都不能使他自觉改掉拖拉的习惯。因此，需要重新训练，培养他们良好的积极工作的习惯。

青年人要对自己负责，将来的生活才会充满快乐、幸福，才是成功的，而快乐与幸福的方法之一就是劳动。经常从事一些适宜的劳动，对每个人来说都是有益无害的。

辛勤的劳动是成功的阶梯，勤劳的习惯是成功的动力。那些养成了工作习惯的人总是闲不住，懒惰对他们来说是无法忍受的痛苦。即使由于情势所迫，他们不得不终止自己早已习惯了的工作，他们也会立即去从事其他工作。那些勤劳的人们总是很快就投入到新的生活方式中去，并用自己勤劳的双手寻找，挖掘出生活中的幸福与快乐。青年人要享受成功的幸福，首先得要有勤劳的习惯来付出你的辛劳汗水，只有这样，你才会收获耕耘的快乐。

在好好做事中，变成领头羊

执行力，是每一位在现代都市丛林中打拼的人都必须具备的素质。本杰明·富兰克林曾说过："每一个工作，不论是经营事业，高级推销工作或科学、军事、政府机关工作，都需要脚踏实地的人来执行。"只有当你具备了像牦牛一样高度的执行精神，你才能成为行业里的佼佼者，成为真正的领头羊！

有人认为，约翰·洛克菲勒一生的成就，主要受益于他那从创业中锻炼出来的预见能力、冒险胆略和执行能力。

有一年，利马发现一个大油田，因为含碳最高，人们称之为"酸油"。当时没有人能找到一种有效的办法提炼它，因此只卖一角五分一桶。

但是，洛克菲勒预见到了这种石油的潜在价值是巨大的，相信总有一天能找到方法提炼它的，所以执意要买下这个油田。可他的这个建议却遭到了董事会多数人的坚决反对。

面对无人支持的艰难处境和几乎难以抗拒的巨大压力，洛克菲勒却丝毫没有退缩，他只是想尽办法要让这个计划执行到底。最后，他对董事们说："我将冒个人风险，自己拿出钱去关心这一产品，如果必要，我将拿出200万、300万。"洛克菲勒贯彻始终的决心终于迫使董事们同意了他的决策，计划得到了有力的执行。

结果，不过两年多时间，洛克菲勒就找到了炼制这种酸油的方法，油价一下由一角五分一桶涨到一元，标准石油公司在那里建造了当时全世界最大的炼油厂，盈利猛增到几亿美元。

洛克菲勒之所以取得了这样巨大的成功，是因为他一直坚持着他的信念："如果一直在想而不去做的话，根本成就不了任何事。"的确，有很多好计划没有实现，就是因为你一直没有努力去执行。

具体可行的构想的确非常重要，但是仅仅有构想还是不够的，那种能简化工作步骤，提高工作效率的构想，只有在真正实施时才会显现其价值。如果你不能学会执行，那么再好的构想也会被埋没。即使是一项平凡的计划，如果你努力执行并且维持其发展，就一定会强于那些半途就被抛弃的好计划。因为前者会贯彻始终，后者则会前功尽弃。

每天都有成千上万的人不敢去执行，所以他们把自己辛苦得来的新构想埋葬掉了。过了一段时间以后，这些构想又会回来折磨他们。对于一个致力于追求辉煌职业生涯的人——CEO来说，切实执行董事会或自己的创新构想，以便发挥它们的价值，才是最大的收获。

丽萨是IBM的一名普通职员，她工作认真，对上级的指示从来都是不打折扣地去执行。

一天，公司在菲尼克斯城的一个用户突然急需要一个多功能数据库的计算机配件。公司得知后，立刻派丽萨送去。

可是，丽萨刚走到半路，天空就电闪雷鸣，倾盆大雨直泻而下，河水猛涨，不一会儿就封闭了沿途的14座桥梁，交通阻塞，汽车已无法行驶。

面对这种情况，丽萨万分着急，心里十分惦记着客户的需要和上司的指示。按常理说，遇到这种特殊情况，她完全有充分的理由返回去，但她并没有被饥饿和中途的艰险吓倒，仍是勇往直前，坚决地执行这项任务。

丽萨想尽各种办法，最后巧妙地利用原来存放在汽车里的一双旱冰鞋，滑向目的地。平时只有二十几分钟的汽车路程，如今却变成了四个小时的长途跋涉，其间的困难和艰辛可想而知！

当丽萨到达用户所在地后，她已是筋疲力尽、狼狈不堪了。那位用户见到这样的她，不禁吓了一跳，并为她的敬业精神感动得流下了眼泪，急忙让她先休息一会儿，可丽萨却不顾路途疲劳，立即为用户安装了配件并解除了故障。

此后，这件事像长了翅膀一样传了出去，人人都知道了美国 IBM 计算机公司拥有良好的售后服务，他们以工作人员认真负责的工作态度和感人的行动，赢得了广大用户的赞誉。从此，IBM 公司的计算机产品更是成了用户争相购买的俏货，很快，IBM 的用户就遍布了全世界。

另一方面，成就了这一切的丽萨，也以其高度的执行力和敬业精神，为自己赢得了不断攀升的职业生涯。

为了赢得最后的胜利，你必须像丽萨一样，具备高度的执行力，懂得通过自己的实际行动来解决出现的任何问题。无论你从事什么职业，只要你遇到麻烦，你就应尽力想办法去解决，要力争做一名执行任务的能手。

有人曾说："只有少数人以理性指导生活，其他人则像湍流中的泳者——他们不确定自己的航程，只是随波逐流。"

两匹马各拉一辆木车，前面的一匹走得很好，而后面的一匹常停下来东张西望，显得心不在焉。

于是，人们就把后面一辆车上的货挪到前面一辆车上去。等到后面那辆车上的东西都搬完了，后面那匹马便轻快地前进，并且对前面那匹马说："你辛苦吧，流汗吧，你越是努力干，人家越是要折磨你，真是个自找苦吃的笨蛋！"

来到车马店的时候，主人说："既然只用一匹马拉车，我养两匹马干吗？不如好好地喂养一匹，把另一匹宰掉，总还能拿到一张皮吧。"于是，主人把这匹懒马杀掉了。

　　莱特是美国著名的建筑大师之一，在他毕生的许多作品中，最杰出而脍炙人口的也许要算坐落于日本东京抗震的帝国饭店。这座建筑物使他名列当代世界一流建筑师之林。1915 年日本小仓公爵率领了一批随员代表日本政府前往美国礼聘莱特建一座不畏地震的建筑。莱特随团赴日，将各种问题实地考察了一番。发现日本的地震是继剧震而来的波状运动，于是断定许多建筑物之所以倒塌实际上是因为地基过深，地基过厚。过深、过厚的地基会随着地壳移动，建筑物势必坍塌下来。

　　他决定将地基筑得很浅，使之浮在泥海上面，从而使地震无从肆虐。

　　莱特决定尽量利用那层深仅约 2 米的土壤。他所设计的地基系由许多水泥柱组成，柱子穿透土壤栖息在泥海上面，可是这种地基究竟能不能支持偌大一座建筑物呢？莱特费了一整年工夫在地面遍击洞孔从事实验。他将长度约 2 米直径 0.2 米的竹竿插进土里随即很快抽出来以防地下水冒出，然后注入水泥，他在这种水泥柱上压以铸铁，测验它能负担的重量。结果成绩惊人，根据帝国饭店的预计总重量，他算出了地基所需的水泥柱数，在各种数据准确的情况下，大厦动工了。

　　筑墙所用的砖也经过他特别设计，厚度较常加倍。

　　1922 年帝国饭店正式完工，莱特返美。1 年之后一次举世震骇的大地震突袭东京与横滨。当时莱特正在洛杉矶创建一批水泥住宅，闻讯坐卧不宁，等待着关于帝国饭店的消息。

　　一连数日毫无消息，到了某天凌晨 3 时，在莱特的旅店寓所里电话铃声狂鸣。"喂！你是莱特吗？"听筒内传来一阵令人沮丧的声音，"我是《洛杉矶检验报》的记者，我们接到消息说帝国饭店已被地震毁了。"

　　数秒钟后莱特坚强地回答道："你若把这消息发出去，包你会声明更正。"

　　10 天之后，小仓公爵发来了一通电报："帝国饭店安然无恙，从此成为阁下天才纪念品。"帝国饭店在整个灾区中竟是唯一未受损害的房屋。

小仓公爵的贺电顷刻间传遍全球，莱特成了妇孺皆知的名流。

这个故事说的是一个人在某个行业上的不可替代性。

一个人在工作时所具有的精神，不但对于工作的效率有很大影响，而且对于他本人的品格，也有重要影响。工作不仅是一个人人格的表现，也是他的兴趣、理想，只要看到了一个人所做的工作，就如见其人。

一个人从事什么职业或在哪个领域工作并没有多大关系，他一直会有让自己多做一些事情的机会。我们可以选择忽略，也可以选择把事情做到最好。我们永远不知道谁正在注视着这一切。

格蕾丝·莫里·赫柏便是一例。

赫柏的工作，令电脑编程工作为之改观。电脑程序代码以前只能用数字或者二进制码来编写，这使得写码和改错非常困难、枯燥。她开始怀疑为什么代码必须是数字，并提出一种完全不同的方案。

虽然大家都觉得她疯了，认为肯定行不通，但她还是坚持着。最后，她发明了计算机编程语言COBOL，终于能把那些无数行的数字变成了英文单词。这是个惊人的突破，她成为获得《计算机科学》年度奖的巾帼第一人。

赫柏所做的事情并没有谁来指派，也不是她岗位职责的一部分，但她就是做了，并取得了骄人的成就。她的努力不仅给社会，也给自己带来了巨大的收获。她在工作中实现了自己的价值，也使自己成为这一领域不可替代的员工。

无论你目前从事哪一项工作，每天一定要使自己获得一个机会，使你能在平常的工作范围之外，从事一些对其他人有价值的服务。

自然，当你付出的比预期的要多时，人们会注意到你，并能有意想不到的收获。

优秀人才总是为社会所需要。你能给自己最好的推荐就是以正确的心态做出最优秀的工作。如果你能找出更有效率、更好的办事方法，你就能提升自己在老板心中的地位。老板会邀请你参加公司决策会议，你将会被调升到更高的职位，因为你已变成一位不可取代的重要人物。